台風・たつまき なぜできる？

【文】遠藤喜代子　【監修】武田康男・菊池真

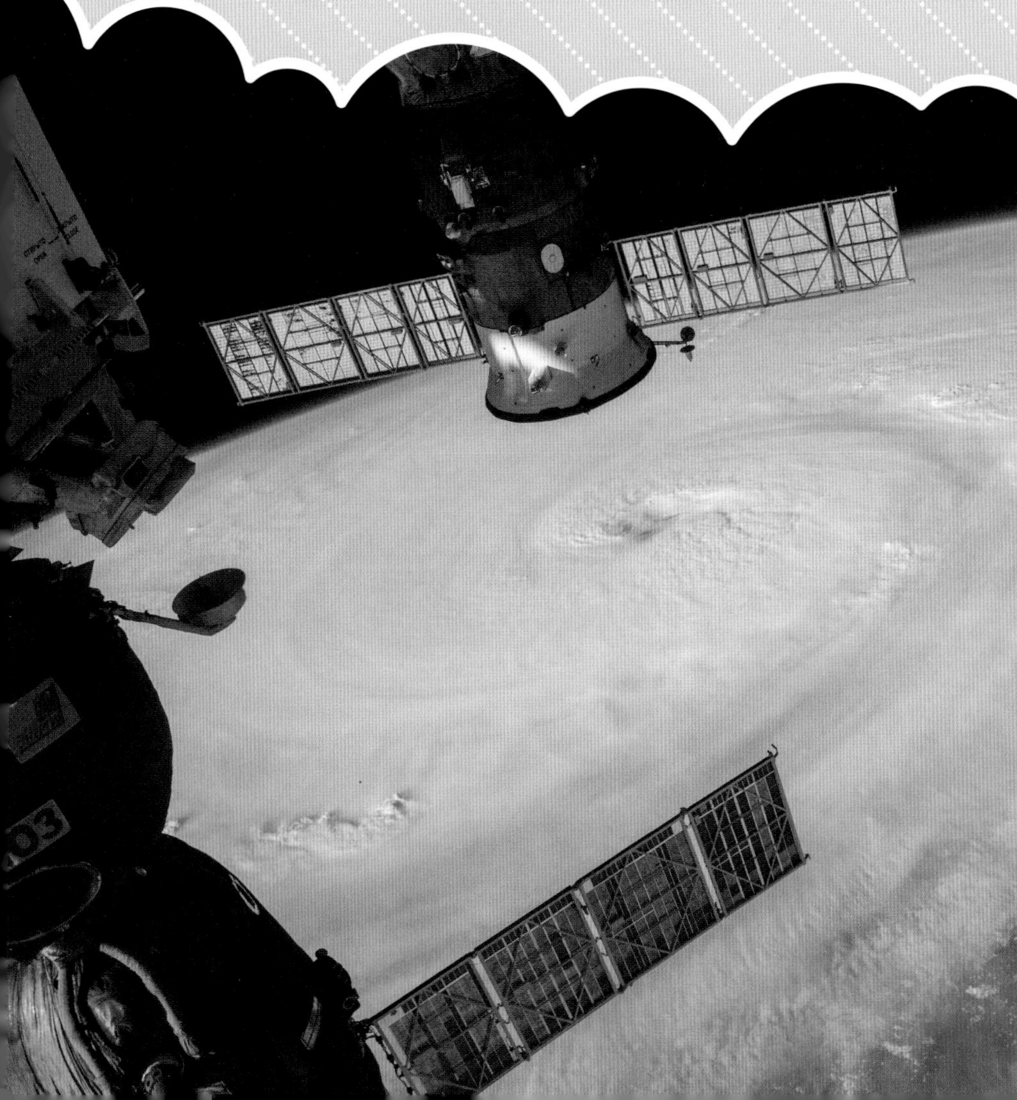

気象予報士と学ぼう！
天気のきほんがわかる本④
台風・たつまき なぜできる？

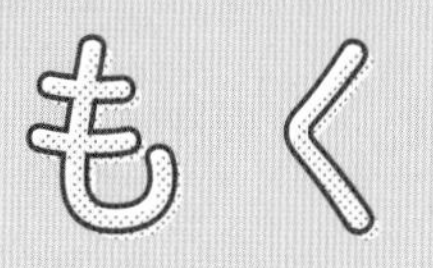

武田康男
（気象予報士、空の写真家）

菊池真以
（気象予報士、気象キャスター）

3章 台風と私たちのくらし

4章 たつまきについて知ろう

資料編

表紙の写真／アメリカで発生した巨大なたつまき（上左）、宇宙から見た台風の雲（上右）、ボートで救助される人びと（下左）、たつまきの被害（下右）　裏表紙の写真／防波堤に打ちよせる高波　扉の写真／宇宙から見た台風の雲　（提供：朝日新聞社／Cynet Photo）

台風やたつまきに

▲2019年10月12日、日本列島に上陸した台風19号の雲画像。本州と四国がすっぽりおさまるくらいの大型台風で、大きな被害をもたらした。画像の上部に日本列島が見える。
（提供：Cynet Photo）

日本列島は、四季の変化がゆたかで、晴れる日もあれば、ときどき雨や雪もふり、とても生活しやすい場所です。そんな日本でも、台風によるはげしい雨と風や、たつまきの猛烈な風におそわれることがあります。

台風は、南の海のほうからゆっくりやってくるため、前もって進路予報が出されます。台風をふせぐことはできませんが、気象観測やコンピューターの進歩によって、予報の精度はだんだんよくなっています。

たつまきは、積乱雲などの大きな雲によっておこります。危険な雲がやってきたときは、たつまき注意情報が出されます。

台風やたつまきによって、毎年のように大きな被害が出ています。沖縄から北海道まで、全国どこでも被害の可能性があり、ときには、思ってもみない災害にみまわれることがあります。私たちは、台風やたつまきのしくみを知り、正しくこわがる必要があります。そして、目の前に危険がせまったときは、自分で身の安全をはかります。そうしたときにたいせつなのは、想像できる力です。たとえば、台風の性質をよく理解して、気象庁か

▲海の上で発生したたつまき。たつまきは大気の状態が不安定なとき、積乱雲の下で発生する。積乱雲の底からのびているのは、ろうと雲とよばれるもので、ろうと雲が地上や海上に到達すると、たつまきになって猛威をふるう。

ら発表される台風情報を正しく読みとることができれば、自分の住んでいる地域にどのような影響があるのか予想し、台風にそなえることができます。

この本では、台風やたつまきが発生するしくみ、台風の進路、それによって天気はどうかわるのか、どんな被害がもたらされるのか、そして、台風情報やたつまき情報の見方、台風へのそなえなどを解説しています。自分やたいせつな人を守るためにも、台風やたつまきへの理解を深めてほしいと思います。

(武田康男)

▲空のようすを観察する武田康男さん。

1章 大型台風ドキュメント

台風19号のあとをたどってみよう

4ページの写真は、2019年の台風19号の雲画像です。台風19号は、どのような進路をたどって日本列島に上陸したのでしょうか。台風が近づいてくると、天気はどのように変化するのでしょうか。雲画像、天気図、雨雲のようすから、台風19号の進路をたどってみましょう。

10月6日、北太平洋の海上で発生した熱帯低気圧が、南鳥島の南で台風になりました。台風は、急速に発達しながら西へすすみ、7日の午後9時には中心付近の気圧が915hPa（ヘクトパスカル➡23ページ）、最大風速が秒速55mという「大型で猛烈な」勢力の台風に発達しました。その後、しだいに進路を北にかえて、12日午後7時前に伊豆半島に上陸しました。そして、関東地方から東北地方へすすみ、13日未明に太平洋にぬけ、午前12時に北海道の東で温帯低気圧にかわりました。

台風が発達すればするほど、中心付近の気圧はひくくなり、風が強くなるんだ。

12日 午前9時 950hPa

11日 午前9時 935hPa

10日 午前9時 915hPa

9日 午前9時 915hPa

10月10日午前9時

台風は猛烈な強さで小笠原諸島の西を北上しているが、全国的にまだ高気圧におおわれて風が弱く、晴れた。

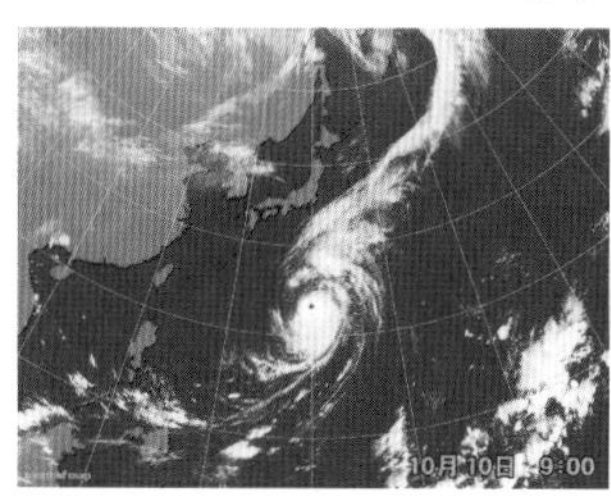

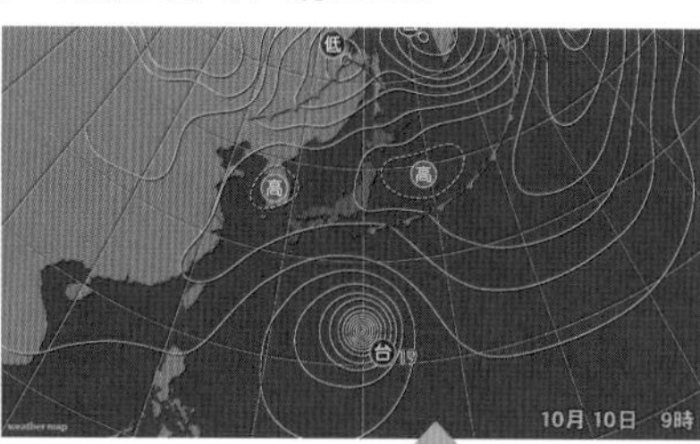

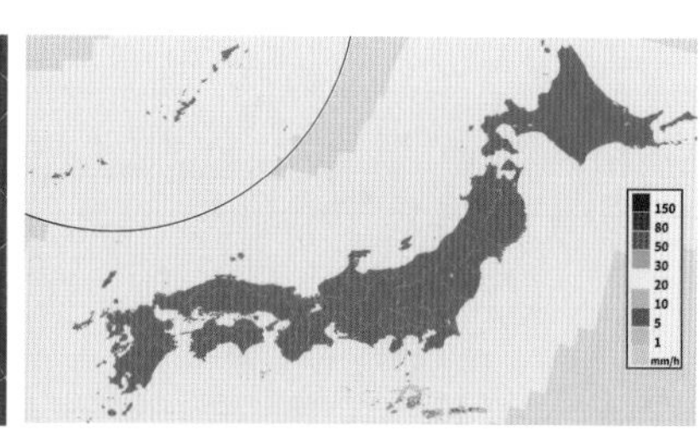

10月9日午前9時

台風は日本列島のはるか南の海上にある。日本列島は大陸からの高気圧におおわれて、北海道以外はほぼ晴れた。

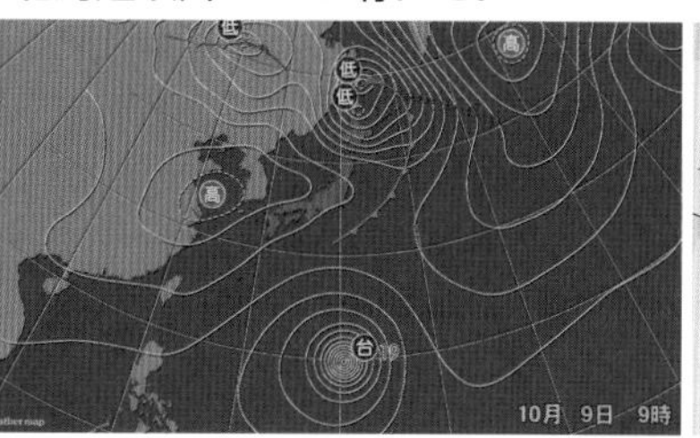

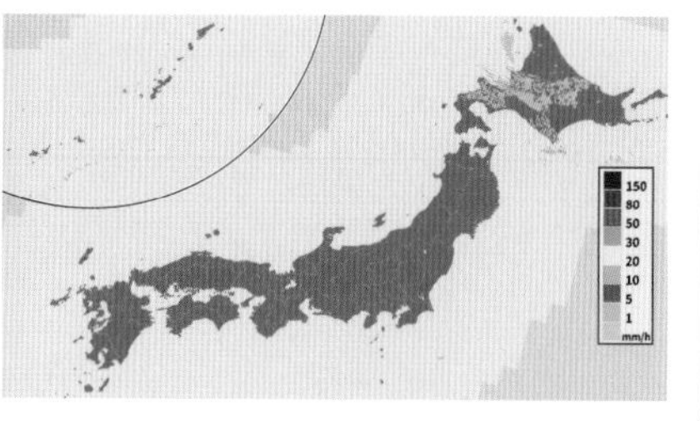

※進路上の○印は、かたわらに記した日の午前9時、●印は午後9時の台風の位置をしめす。
（雲画像、天気図、雨雲のようす／提供：ウェザーマップ　進路図／気象庁ホームページより）

10月13日午前12時

台風は温帯低気圧にかわった。

10月13日午前9時

13日未明に台風は太平洋上にぬけたが、北海道の一部でまだ雨がのこった。

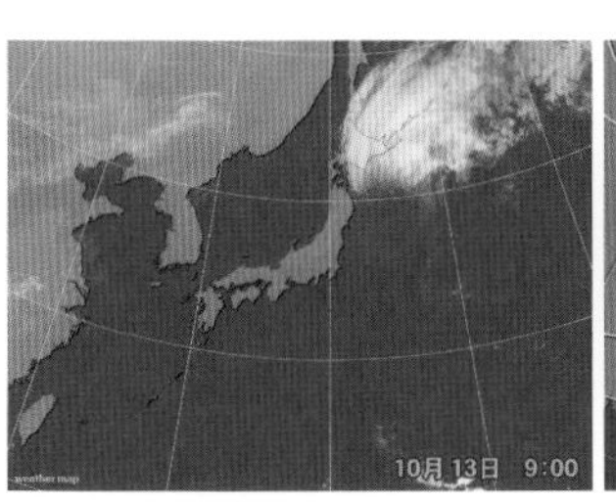

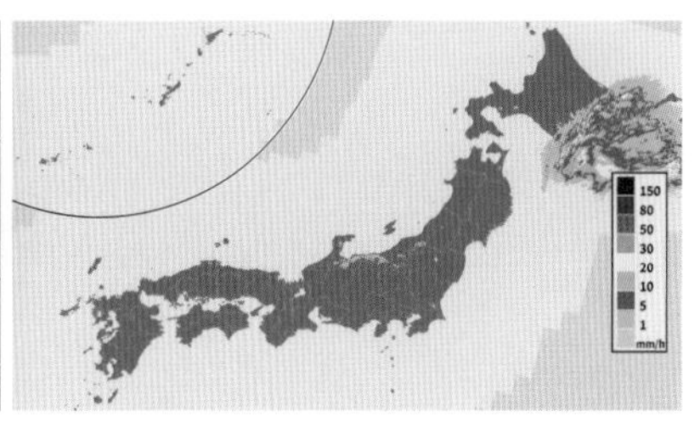

10月12日午後6時

午後7時前に台風が伊豆半島に上陸する。近畿地方から東北地方南部が暴風域に入り、静岡県と関東・甲信越など1都12県に大雨特別警報が発表された。

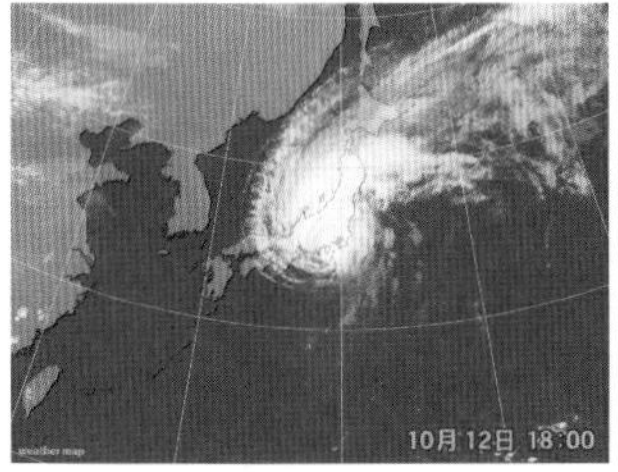

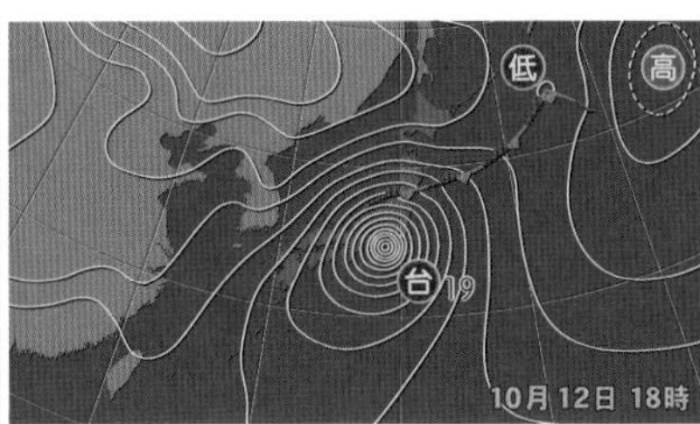

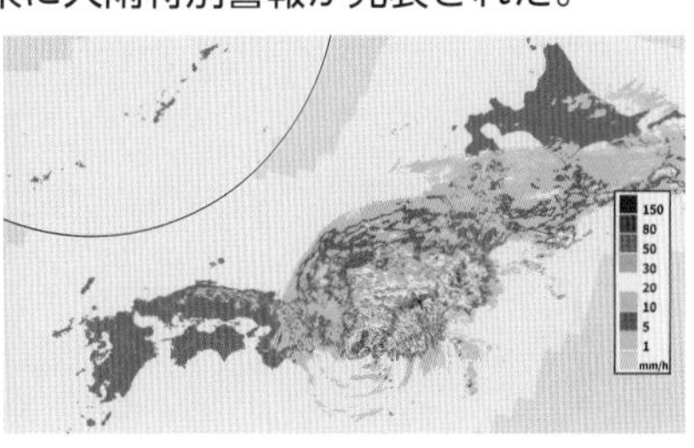

10月12日午前9時

台風が本州の南岸に近づく。東海地方や近畿地方の一部が暴風域（➡36ページ）に入り、全国的に雲におおわれて雨のところが多かった。

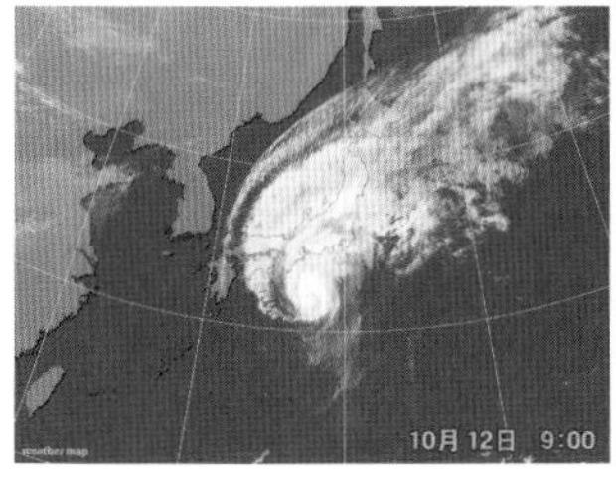

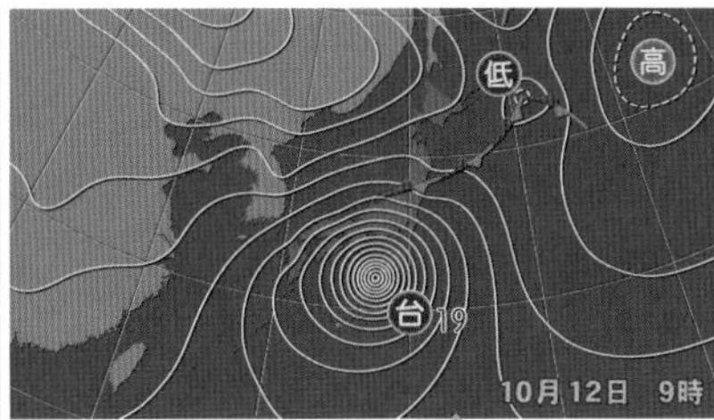

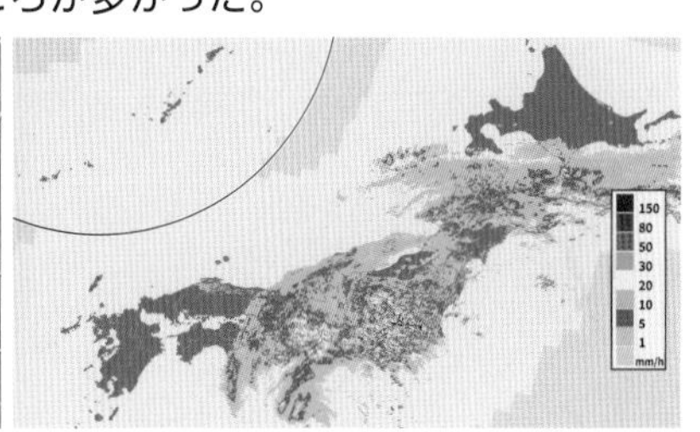

10月11日午前9時

台風が非常に強い勢力で小笠原諸島の西を北上し、日本列島に近づいてきている。本州と北海道の一部で雨がふってきた。

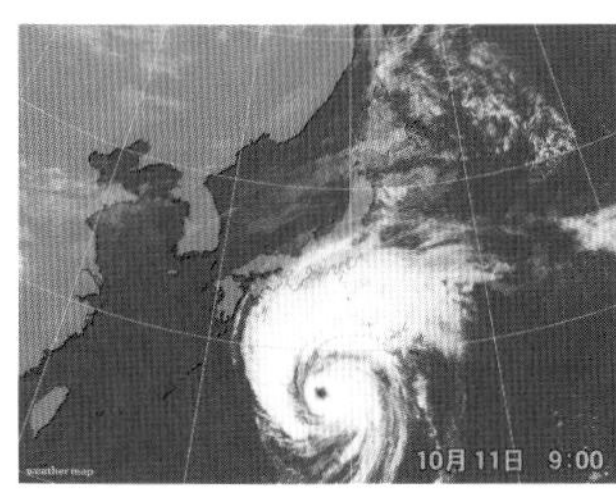

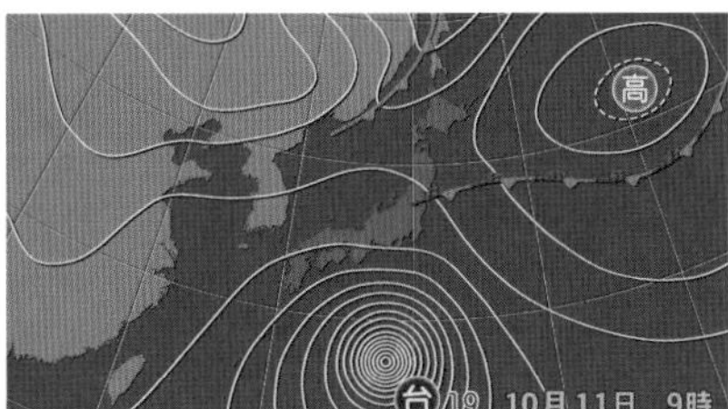

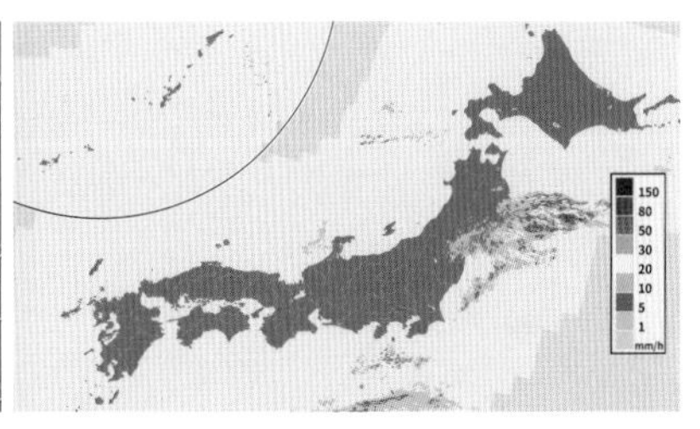

13日
午前9時
975hPa

10月7日午後9時

台風の勢力が最大になる。

7日午前9時
940hPa

8日午前9時
915hPa

10月6日
午前9時
992hPa

10月6日午前3時

南鳥島の南で、熱帯低気圧が台風になる。

▲**浸水した長野市の住宅街**　千曲川の堤防が切れて、広い範囲で住宅が水につかった。奥に見えるのが千曲川。

（提供：朝日新聞社／Cynet Photo）

大雨をもたらした台風19号

2019年の台風19号は、静岡県や新潟県、関東甲信地方、東北地方を中心に大きな被害をもたらしました。

大型で強い勢力で伊豆半島に上陸した台風19号は、関東地方から東北地方へとすすみ、広い範囲に大雨をふらせました。神奈川県の箱根町では、10月10日から13日までのあいだに、1000mmをこえる雨がふりました。これは、箱根町で10月の1か月間にふる雨の2倍以上の量でした。箱根町のほかにも各地で、それまでに経験したことのないような記録的な雨がふりました。気象庁は1都12県に対して、数十年に一度の降水量となる大雨が予想される場合に出される「大雨特別警報」を発表し、警戒をよびかけました。

この大雨の影響で、上の写真の千曲川のほかにも、阿武隈川、久慈川、多摩川など、各地で川がはんらんしたり堤防が切れたりして住宅地や田畑が水につかるなどの被害が出ました。土砂くずれなども発生して、宮城県丸森町で10人が死亡したのをはじめ、全国で死者は99人、行方不明者は3人、家屋の全壊・半壊は約3万3000棟、床上・床下浸水は約3万棟にのぼりました。

▶千曲川の堤防が切れて、水没した北陸新幹線の車両 JR東日本の長野新幹線車両センターの車両基地が水につかり、北陸新幹線の車両120両が水没した。

（提供：朝日新聞社／Cynet Photo）

▲くずれおちたJR水郡線の鉄橋 茨城県の大子町では、久慈川のはんらんで鉄橋が流されたり、かたむいたりする被害があいついだ。

（提供：朝日新聞社／Cynet Photo）

◀宮城県警のボートで救助される丸森町の住民 宮城県南部の山間部にある丸森町では、町の北部を流れる阿武隈川の支流がはんらんして住宅が水につかった。また土砂くずれや土石流も発生し、10人が死亡した。

（提供：朝日新聞社／Cynet Photo）

台風の空のようす

台風のとき、空のようすはどのようにかわるのでしょうか？　空にはどんな雲があらわれるのでしょうか。ここでは2021年の台風10号が関東地方に接近して、去っていくまでの空のようすを紹介します。

台風10号は、8月5日に沖縄県那覇市の北東の海上で発生し、北東へすすみました。8日には関東地方にもっとも近づき、台風の中心に近い千葉県から茨城県を中心に雨がふり、風が強まりました。その後、茨城県沖を通過して、10日午前9時に日本のはるか東の海上で温帯低気圧にかわりました。

写真は、茨城県鉾田市の海岸から東の方向を撮影したものです。7日の午前中は、関東

8月7日　午前9時

積乱雲（にゅうどう雲）があらわれる。

8月7日　午前12時

巻雲（すじ雲）など、空の高いところに台風からふきだす雲があらわれる。

8月8日　午前9時

厚い雲におおわれているが、まだ雨はふっていない。

8月8日　午前12時

雨がふり、風も強まった。

地方は晴れていましたが、台風からのしめった風で積乱雲がむくむくとできはじめました。台風が接近するにつれて巻雲など、高いところの雲が見られ、そのあと、いろいろな高さの雲がつぎつぎにあらわれて、夕方には大きな積雲が流れてきました。どんどんかわる空のようすを見てみましょう。

●2021年台風10号の進路

茨城県鉾田市
8月8日午後9時
8月8日午前9時
8月7日午後9時
8月7日午前9時

（気象庁ホームページより）

8月7日　午後3時

空の高いところに巻雲（すじ雲）、ひくいところに積雲（わた雲）など、いろいろな高さの雲があらわれる。

8月7日　午後6時

灰色の大きな積雲（わた雲）が流れてきた。

8月8日　午後6時

雲がしだいに少なくなり、雨が弱まった。

8月8日　午後6時30分

台風が去って、晴れ間が見えてきた。

世界各地をおそう巨大な台風

▲**洪水により浸水したテキサス州南東部の市街地**　ハリケーン「ハービー」によってひきおこされた洪水で、多くの家屋が水につかった。（提供：Cynet Photo）

台風は日本だけでなく、いろいろな国で発生しています。アメリカでは、台風のような熱帯低気圧のことを「ハリケーン」とよんでいます。ハリケーンは北太平洋東部や北大西洋で発生し、カリブ海の島じまやアメリカの東海岸などに被害をもたらします。

ハリケーンの被害で世界に衝撃をあたえたのは、2005年8月にルイジアナ州、ミシシッピ州、アラバマ州をおそった大型ハリケーン「カトリーナ」です。ルイジアナ州ニューオーリンズ市では、高潮（➡28ページ）によって堤防が切れ、市内の大部分が水につかりました。被災した人の数は100万人以上と報じられました。

近年では2017年8月に、テキサス州に上陸した大型ハリケーン「ハービー」が有名

▲**がれきの街になったフィリピンのレイテ島タクロバンの市街地**　タクロバン市ではスーパー台風「ハイエン」によって、家屋をふくむ全建物の7～8割が破壊されたという。（提供：朝日新聞社／Cynet Photo）

Information 発生する場所でちがう台風のよび名

台風などの熱帯低気圧は、発生する場所によってよび名がちがう。北太平洋西部で発生したものが台風（Typhoon）とよばれ、北太平洋東部や北大西洋で発生したものはハリケーン、インド洋や南太平洋で発生したものはサイクロンとよばれる。

日本では台風が発生すると、気象庁が、その年最初に発生した台風を1号として、発生した順に番号をつけている。とくに被害が大きかった台風には、「令和元年東日本台風（2019年台風19号）」のように名前をつけることもある。

以前は台風の名前は、アメリカが、マリアやカトリーナなどの人の名前をつけていた。現在では、日本やアメリカ、フィリピンなど14か国で台風委員会を組織し、加盟国が10個ずつ提案した合計140個の名前を順番につけることになっている。これをアジア名といい、たとえば、2019年の台風19号には、フィリピンで「すばやい」を意味する「ハギビス」というアジア名がついている。

●台風などの熱帯低気圧が発生する場所とおもな進路

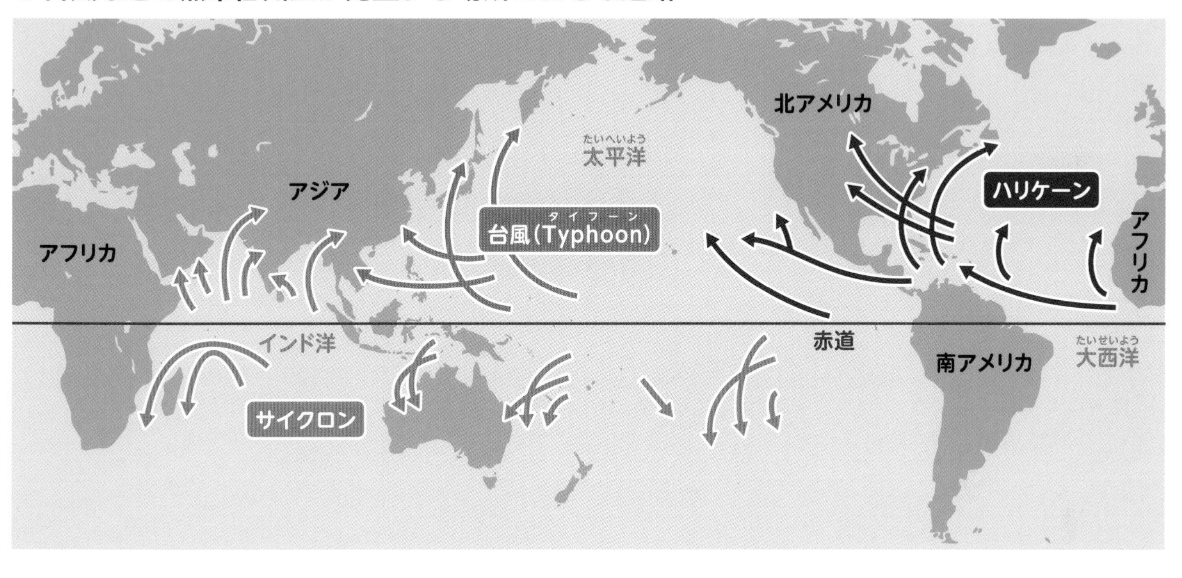

です。中心気圧938hPa（ヘクトパスカル）、最大風速が秒速58mの勢力で上陸したハービーは、テキサス州東部をゆっくりと蛇行しながらすすんで大雨をふらせ、各地で洪水をひきおこしました。被害額の大きさはカトリーナにならぶといわれています。

また、2013年11月には、太平洋上のミクロネシア連邦付近で発生したスーパー台風「ハイエン」が、フィリピンに上陸しました。ハイエンはフィリピンのレイテ島、セブ島、パナイ島を通過して南シナ海にぬけたあと、ベトナム北部に再上陸してベトナムと中国にも大きな被害をもたらしました。

ハイエンがフィリピンに上陸したときの中心気圧は895hPaで、最大瞬間風速は秒速90m以上でした。暴風によって100万棟をこえる家屋が倒壊し、1600万人以上が被災しました。さらに5～6mの高潮が沿岸部をおそい、死者・行方不明者は約8000人にのぼりました。

スーパー台風は、最大風速が秒速67m以上の地球上でもっとも勢力の強い台風です。2016年に発生した台風14号もスーパー台風で、台湾などに大きな被害をもたらしました。

2章 台風が発生するしくみ

台風はなぜできる？

台風は、海面の温度が26～27℃以上の熱帯や亜熱帯の海上で生まれます。熱帯や亜熱帯の海では、強い日差しによって海面近くの温度があがり、海水がどんどん蒸発します。水蒸気をたくさんふくんだ空気は、上昇気流によって上空にはこばれ、上空で冷やされてつぎつぎと積雲（➡2巻32ページ）ができます。

水蒸気が冷やされて雲のつぶ（水滴や氷のつぶ）にかわるとき、大量のエネルギーが発生します。このエネルギーによって上昇気流がさらに強くなり、積雲が積乱雲（➡2巻34ページ）に発達します。そして、積乱雲がいくつも集まって大きな雲のかたまりになり、回転しながらうずをまくと、熱帯低気圧になります。

熱帯低気圧が発達して、最大風速が秒速17.2m以上になると、台風とよばれるようになります。台風のうずは、大きなものだと直径が1000kmをこえることもあります。最盛期には中心に目ができ、そのまわりを積乱雲のかべが何重にもとりまいて、はげしい雨をふらせます。

●台風ができるまで

天気のことば　熱帯低気圧と温帯低気圧

低気圧には2種類ある。熱帯低気圧は、熱帯や亜熱帯の海上で発生する低気圧で、発達すると台風になる。いっぽう温帯低気圧は、日本列島付近など、温帯～寒帯で発生する低気圧で、あたたかい空気のかたまり（暖気）とつめたい空気のかたまり（寒気）がぶつかる場所にできる。台風は日本列島付近まで北上すると、しだいに性質がかわり、温帯低気圧になることがある。

●熱帯低気圧と温帯低気圧

	熱帯低気圧	温帯低気圧
発生場所	熱帯や亜熱帯の海上	温帯～寒帯
エネルギー	海からの水蒸気	空気の温度差
前線	ともなわない	ともなう

▲宇宙から見た台風の雲　台風が巨大なうずであることがわかる。（提供：Cynet Photo）

●最盛期の台風の断面図

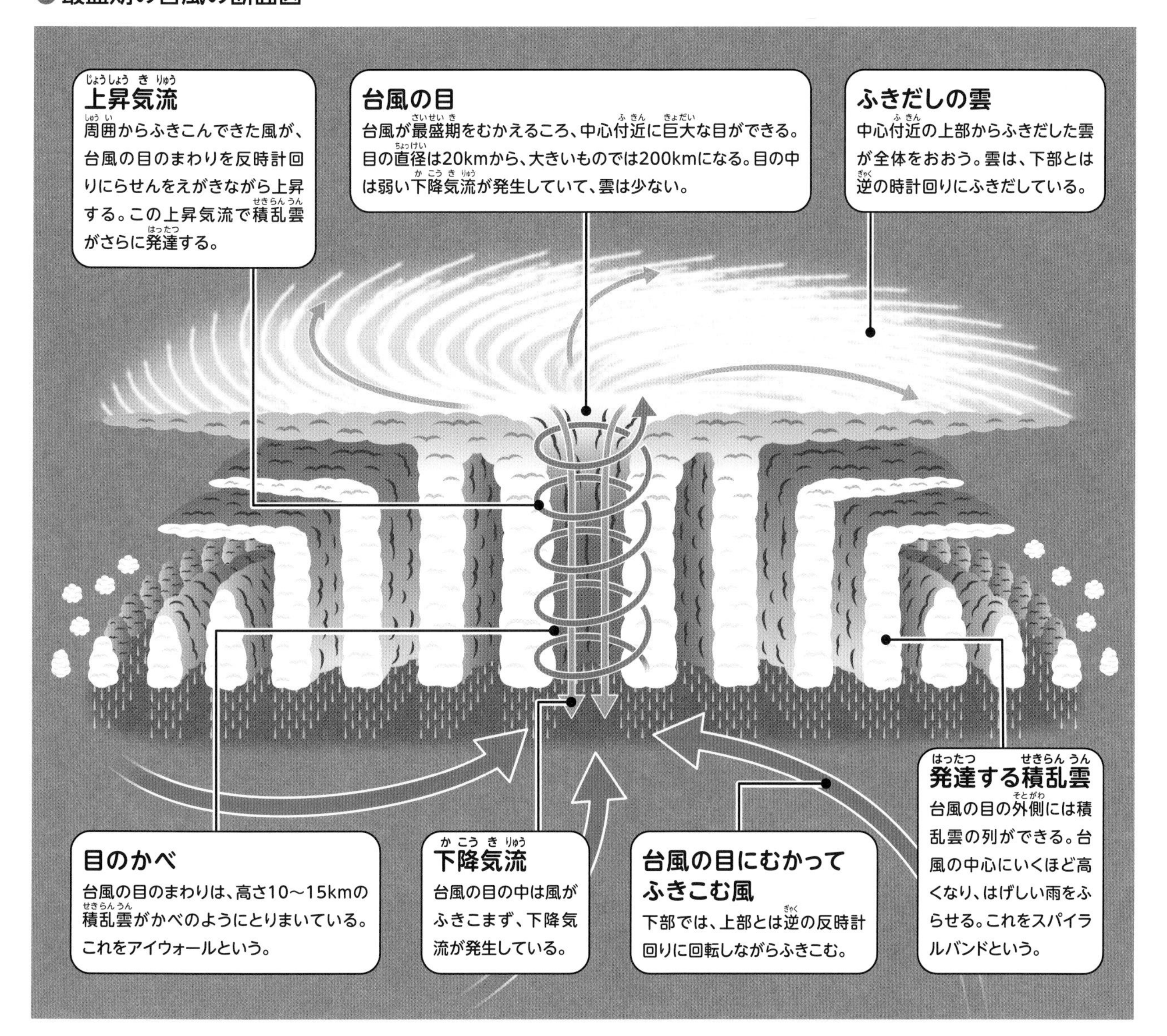

台風の目はなぜできる？

▲**台風の雲画像**　2002年に日本列島に接近した強い台風16号。沖縄本島を通過し、沖縄県や鹿児島県に暴風をもたらした。
（提供：Cynet Photo）

上の写真は、NASA（アメリカ航空宇宙局）の宇宙船から撮影された台風の雲画像です。台風の中心付近は、ぽっかりとあながあいているように見えます。これが「台風の目」です。

台風の中では、右ページの図のように、中心にむかって反時計回りに強い風がふきこんでいます。風は中心に近いほど強く、回転のいきおいが強くなります。すると、遠心力（外側へひっぱられる力）がはたらいて中心付近の雲が外側へひっぱられ、台風の目とよばれる雲の少ない部分ができるのです。台風の目の直径は小さいもので20kmくらい、大きいものだと200kmをこえることもあります。

台風の目の中に入ると雨も風もやんで、青空がひろがります。しかし、台風の目からはなれると、ふたたび雨や風が強まります。台風の目のまわりにはかべのようにそそりたつ積乱雲があり、そこでは風が連続してふき、雨もはげしくふります。猛烈な台風の風速は秒速54m以上で、時速になおすと194km以上になり、新幹線なみのスピードです。

また、台風の風は、進行方向の右側のほうが左側よりも強くなります。右側は台風の風に台風が動く速さがくわわるので、より強くなるのです。

●台風の進行方向と風の向き

▼反時計回りに風がふきこむ。中心に近いほど風は強くなる。

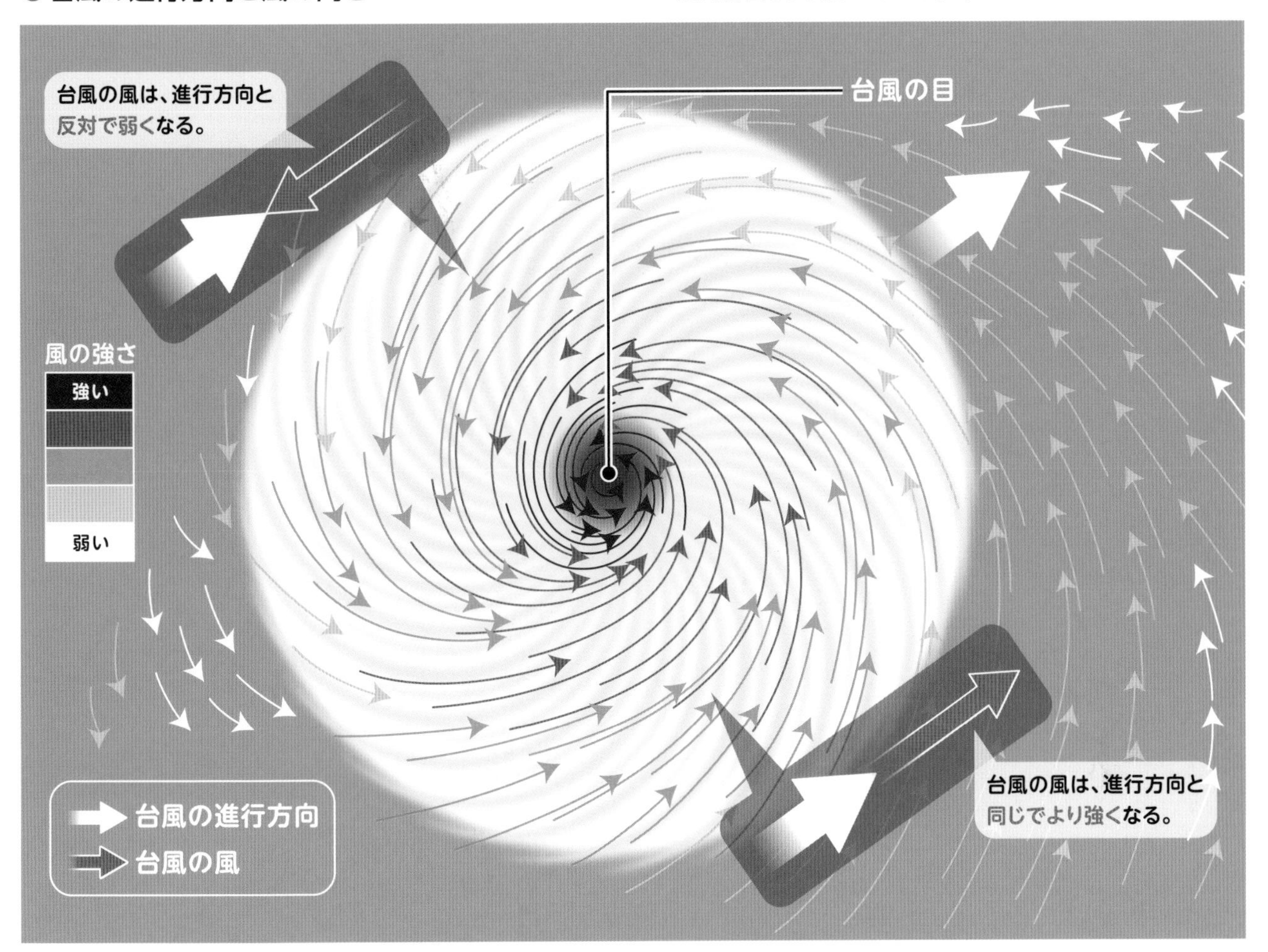

天気のことば **台風一過**（たいふういっか）

台風が大雨をふらせて通りすぎると、すっきりと晴れて青空がひろがることが多い。西から高気圧がはりだして、かわいた空気が流れこむためで、このような天気を「台風一過」とよぶ。2019年の台風19号（➡6ページ）は、10月13日午前12時ごろに温帯低気圧にかわった。

●10月13日と前日の千葉市の気温

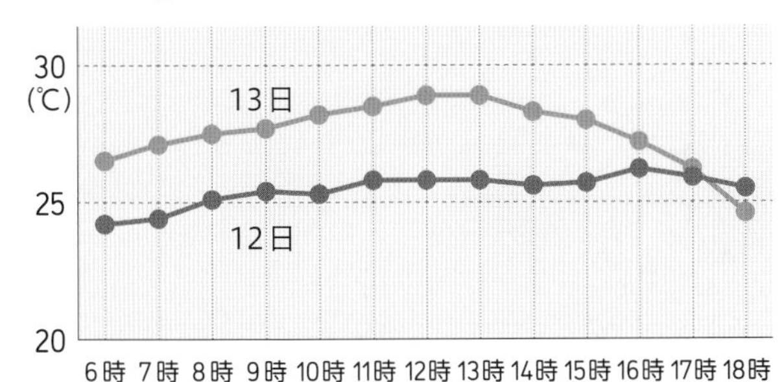

▲13日は、前日よりも最高気温が3℃以上高くなった。

写真は、台風が去った午前11時の千葉県の空のようすだ。この日、東海地方や関東地方では雨がやんで台風一過の青空がひろがった。気温も上昇し、静岡県三島で32.9℃になるなど、真夏日になるところも多かった。

▲**台風一過の空**　すっきりと晴れた空に積雲がうかぶ。（10月13日午前11時の千葉県印旛郡栄町付近）

台風の一生を追ってみよう

台風の一生は、大きく分けて発生期、発達期、最盛期、衰弱期の4段階に分けられます。平均的な寿命は約5日ですが、なかには19日以上も長生きした台風がありました。

「発生期」は、積乱雲が集まって台風になるまでのあいだをいいます。台風は、海から水蒸気をふくんだあたたかい空気を補給して発達していきます。この、発生してからもっとも勢力が強くなるまでのあいだを「発達期」といいます。

その後、中心の気圧がもっともひくくなり、中心付近の風速がもっとも大きくなるころに「最盛期」をむかえます。最盛期に入った台風は、太平洋高気圧（➡20ページ）のまわりを北上し、日本列島に近づくことがあります。このころには、うずの形や目がはっきりしてきます。しかし、上陸すると、海から水蒸気を補給することができなくなり、しだいにおとろえて温帯低気圧にかわります。このあいだを「衰弱期」といいます。

2018年9月4日に日本列島に上陸した台風21号の一生を見てみましょう。

発生期

8月27日午前3時　太平洋の海上で熱帯低気圧が発生する。

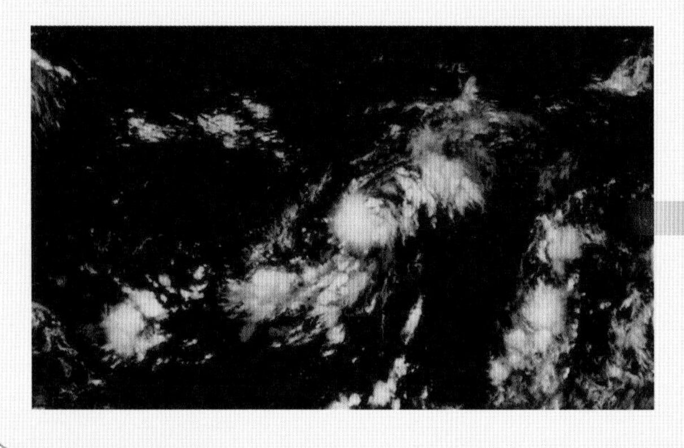

8月28日午前3時　最大風速が秒速17.2mをこえ、台風となる。中心気圧は1004hPa（ヘクトパスカル）。

発達期

8月29日午前9時　うずを強くまきはじめる。中心気圧は990hPa。最大風速は秒速30m。

8月30日午前9時　うずが大きくまるくなる。中心気圧は955hPa。最大風速は秒速45m。

●2018年台風21号の進路

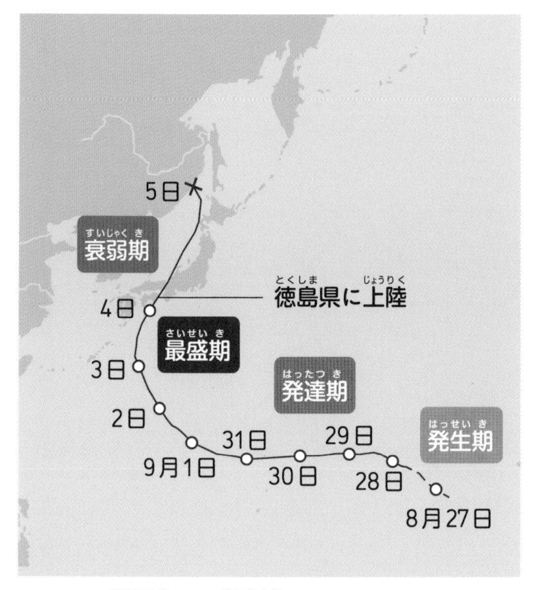

▲台風は最盛期か、衰弱期のはじめに日本列島に上陸する。（気象庁ホームページより）

▲**飛行機から撮影した太平洋上空（グアム島付近）の積雲の集まり**
積乱雲となって、うずをまいて熱帯低気圧になったあと、台風になる。

最盛期

9月1日午前9時　台風の目がはっきり見える。中心気圧は915 hPa。最大風速は秒速55 m。

9月2日午後3時　非常に強い勢力で日本列島に接近する。中心気圧は935 hPa。最大風速は秒速50 m。

衰弱期

9月4日午前12時　徳島県に上陸したあと、形が少しくずれる。中心気圧は950 hPa。最大風速は秒速45 m。

9月5日午前0時　形がどんどんくずれ、このあと温帯低気圧にかわった。中心気圧は975 hPa。最大風速は秒速25 m。

（提供：情報通信研究機構（NICT））

季節によってかわる台風の進路

台風は一年間に、平均すると約25個発生しています。そのうち約12個の台風が日本列島の300km以内に接近し、さらに平均3個の台風が上陸します。

台風の「上陸」とは、台風の中心が北海道、本州、四国、九州の海岸線に達したときをいいます。島や半島を横切って、ふたたび海上に出るときは「通過」といいます。そのため、たとえば沖縄県の上空を通っても、上陸ではなくて通過と表現されます。

台風は、自分で動くことはできません。上空をふいている風に流されて移動します。熱帯や亜熱帯の海上で発生した台風は、はじめ、東から西へふいている貿易風にのって西にすすみます。その後、日本列島の東にある太平洋高気圧（あたたかくてしめった空気のかたまり）のふちにそって北上し、日本列島に近づくと、偏西風の影響をうけて北東に進路をかえます。

初夏から真夏にかけては、太平洋高気圧が西にはりだして日本列島をおおうため、台風はそれをよけてすすみ、中国大陸や朝鮮半島にむかうことが多くなります。しかし、夏の終わりから秋になると、太平洋高気圧の勢力が弱まるので、日本列島に接近したり上陸したりする台風がふえます。夏に日本にやってくる台風は「夏台風」、秋にやってくる台風は「秋台風」とよばれます。

台風が接近、上陸する都道府県

日本で台風がいちばん多く接近するところはどこかというと、もちろん沖縄県です。沖縄県は、最盛期（➡18ページ）の強い台風におそわれることが多く、また、台風の転向

●台風を動かす風の流れ

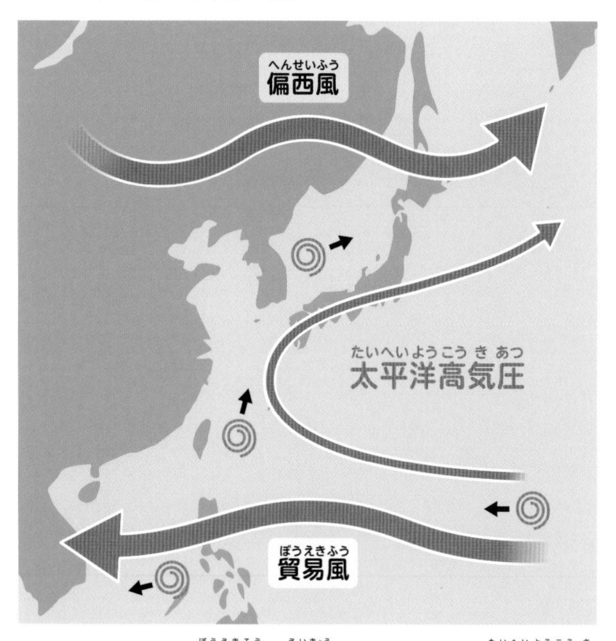

▲台風は、はじめ貿易風の影響で西へすすみ、太平洋高気圧にそって北上したあと、偏西風によって進路を北東へかえる。

●台風の月ごとのおもな進路

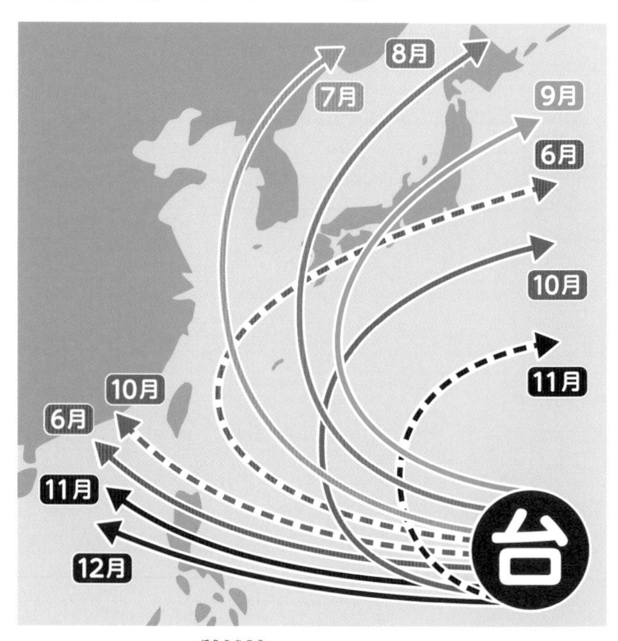

▲はじめのころは貿易風に流されて西へすすむ。実線でしめしたのはおもな進路で、気象条件によっては破線でしめした進路になることもある。

点（台風の進行方向が西向きから北または東にかわる地点）にあたるため、台風のスピードが落ちて、長時間にわたってとどまり、被害をうけることが多くなります。

上陸地として多いのは、九州南部の鹿児島県で、1951年から2021年のあいだに42個の台風が上陸しました。ついで、高知県、和歌山県、静岡県、長崎県がつづきます。右の地図を見てもわかるように、台風の上陸は太平洋側に集中しています。

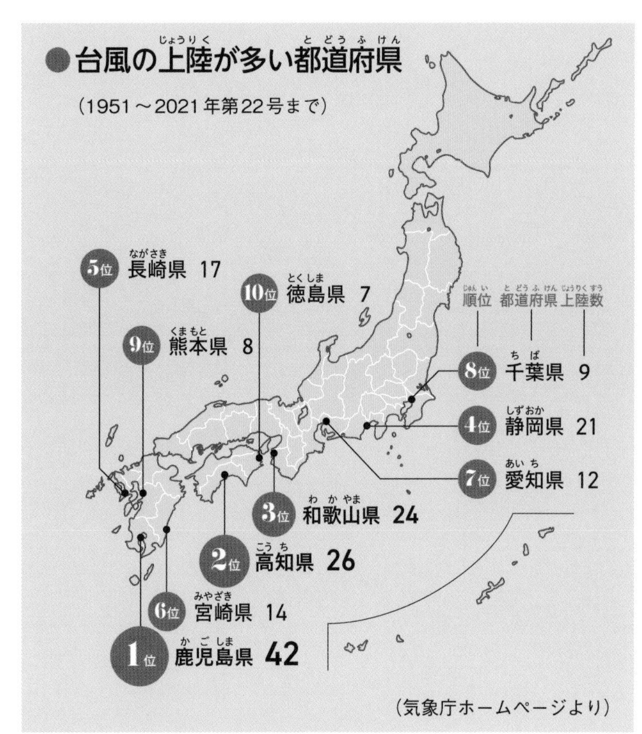

●台風の月別発生数・接近数・上陸数

	発生数	接近数	上陸数
1月	0.3	–	–
2月	0.3	–	–
3月	0.3	–	–
4月	0.6	0.2	–
5月	1.0	0.7	0.0
6月	1.7	0.8	0.2
7月	3.7	2.1	0.6
8月	5.7	3.3	0.9
9月	5.0	3.3	1.0
10月	3.4	1.7	0.3
11月	2.2	0.5	–
12月	1.0	0.1	–
年間	25.1	11.7	3

（接近は2か月にまたがる場合もあるため、各月の接近数の合計と年間の接近数はかならずしも一致しない）　（1991～2020年の平年値）

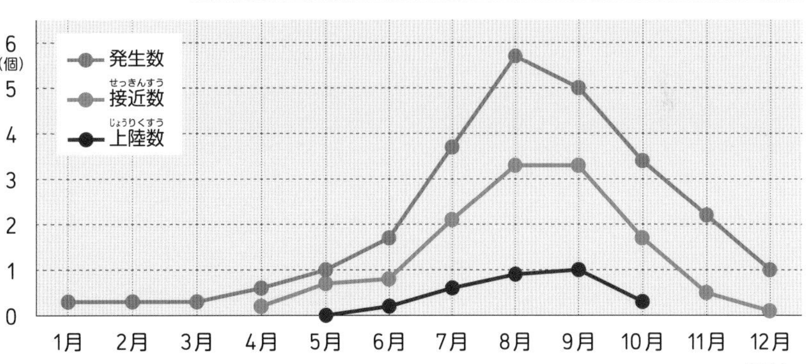

▲台風は、8月をピークに一年中発生しているが、8～9月は、日本列島に接近または上陸する台風が多くなる。　（気象庁ホームページのデータをもとに作成）

Information 日本列島を西にすすんだ台風

（気象庁ホームページより）

偏西風が弱い夏には、複雑な動きをする台風があります。まるで迷子のように見えることから、「迷走台風」といわれます。2018年の台風12号もめずらしい動きをした台風でした。

台風12号は、7月24日に日本のはるか南の海上で発生しました。反時計回りにすすんで、29日午前1時ごろ、三重県伊勢市付近に上陸すると、西日本を西へすすみ、午後6時前に福岡県豊前市付近に再上陸しました。そして、午後11時ごろ、島原半島を通過し、東シナ海にぬけていきました。日本列島を東から西へすすむ台風はとてもめずらしく、1951年に統計をとりはじめてからはじめてのことでした。

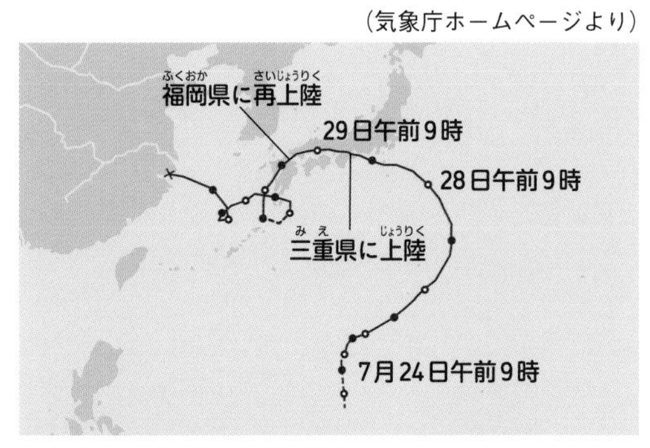

大型台風、超大型台風ってどんな台風？

大型台風

◀**2015年7月15日、日本列島の南の海上を北上する台風11号**　中心の最低気圧は925hPa（ヘクトパスカル）、最大風速は秒速50m、強風域の半径は最大で700kmで、「大型」の勢力で上陸した。中心付近に目が見える。

▼**同じ日の天気図**　等圧線（気圧の等しい地点をむすんだ線）は同心円状で、中心にいくほど間隔がせまく、風速が大きいことをしめす。

台風の大きさとは

台風が発生して日本列島に近づいてくると、天気予報では「大型で強い台風」とか、「超大型で非常に強い台風」などということばをつかって、警戒をよびかけます。この「大型」とか「強い」というのは、何を基準に決められているのでしょうか。

台風の勢力は、大きさと強さの2つを組みあわせて表現されます。台風の大きさは、強風域の広さで決まります。強風域とは、風速が秒速15m以上の風がふいている、またはふく可能性がある範囲のことです。強風域の半径が500km以上800km未満の場合は「大型（大きい）」、800km以上の場合は「超大型（非常に大きい）」といいます。超大型の台風になると、本州と四国がすっぽりおさまるくらいの大きさがあります。

台風の強さとは

いっぽう、台風の強さは、最大風速によって決まります。風速とは、空気が移動する速さを秒速であらわしたものです。気象庁では、10分間にふいた風の平均的な速さを「風速」とよび、10分間の平均風速の最大値を「最大風速」とよんでいます。この最大風速が秒速33m以上44m未満の場合は「強い」、秒速44m以上54m未満の場合は「非常に強い」、秒速54m以上の場合は「猛烈な」と表現されます。

たとえば、強風域の半径が700kmで、最大風速が秒速50mの台風は、「大型で非常に強い台風」というように表現されます。そのようなクラスの台風が近づいてきたときは、その進路にあたる可能性のある地域の人は警戒しなければなりません。

超大型台風

◀**2017年10月21日、南大東島へ接近する台風21号**　中心の最低気圧は915hPa（ヘクトパスカル）、最大風速は秒速50m、強風域の半径は最大で850kmで、大きさの記録がのこる1991年以降ではじめて「超大型」の勢力で上陸した台風となった。目がくっきりと見える。

▼**同じ日の天気図**　等圧線でかこまれる範囲が広い。

●台風の大きさ

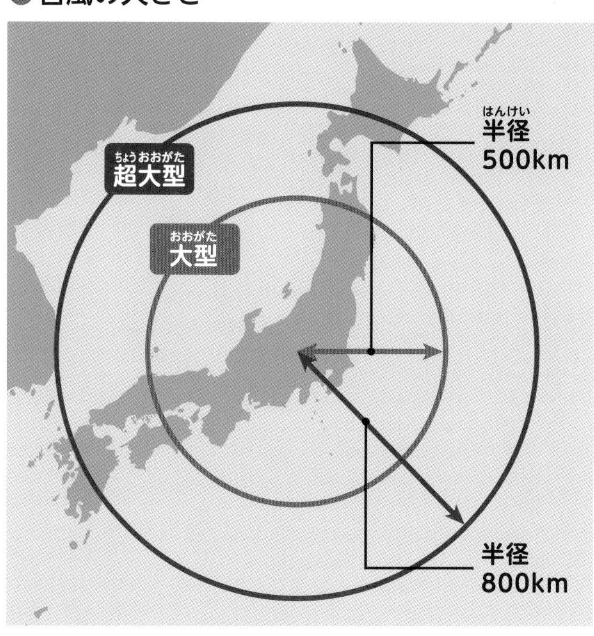

●台風の大きさの基準

階　級	強風域の半径
大型（大きい）	500km 以上～ 800km 未満
超大型（非常に大きい）	800km 以上

▲半径が500km未満の場合は大きさを表現しない。

●台風の強さの基準

階　級	最大風速
強い	秒速 33m 以上～ 44m 未満
非常に強い	秒速 44 m以上～ 54m 未満
猛烈な	秒速 54m 以上

▲最大風速が秒速33m未満の場合は強さを表現しない。

ヘクトパスカル

台風情報では、台風の大きさと強さ以外にも、たとえば「中心気圧は940hPa（ヘクトパスカル）です」というように中心の気圧についても報道される。ヘクトパスカルのパスカルとは、気圧（大気がものをおす力）の単位で、ヘクトは100倍という意味。台風の風は、高い気圧からひくい気圧へふきこむので、数字が小さいほど強い台風であることをしめし、風も強くなる。

かつては、台風の強さを、中心付近の気圧のひくさをもとにあらわしていたが、現在は最大風速であらわしている。最大風速は、静止衛星画像「ひまわり」からえられる観測データをつかって推定した台風の風速分布などからもとめられる。

とはいっても、台風の中心気圧は、台風の強さを知るためのめやすになっている。ちなみに、これまで日本に上陸した台風のなかで中心気圧がもっともひくい記録は、1961年の第２室戸台風で925hPaだった。

（雲画像、天気図／提供：ウェザーマップ）

3章 台風と私たちのくらし

台風による風の被害

風による被害が大きい台風を「風台風」とよぶことがあります。2019年に発生した台風15号は、まさに風台風でした。

台風15号は、9月9日に千葉市付近に強い勢力で上陸しました。16～17ページで紹介したように、台風の風は進行方向の右側で強くなります。台風15号では、進行方向の右側にあたった千葉県で暴風がふきあれ、千葉市では最大瞬間風速が秒速57.5mを観測しました。この強風で、たおれるはずがないと思われていた送電用の鉄塔がたおれたり、電柱がたおれたり電線が切れたりして、大規模な停電が発生しました。住宅の屋根が飛ばされたり、倒木によって道路がふさがれたりする被害もあいつぎました。

また、台風の風は、台風の中心が東側（右側）を通るか、西側（左側）を通るかによって風向きがちがいます。台風の中心が、いまあなたがいる地点の東側を通る場合は、風向きは「北東の風→北の風→北西の風」と反時計回りに変化します。西側を通る場合は、「南東の風→南の風→南西の風」と時計回りに変化します。風向きの変化をおぼえておくと、台風から身を守るために役だちます。

●台風の接近による風向きの変化（台風が北へすすむ場合）

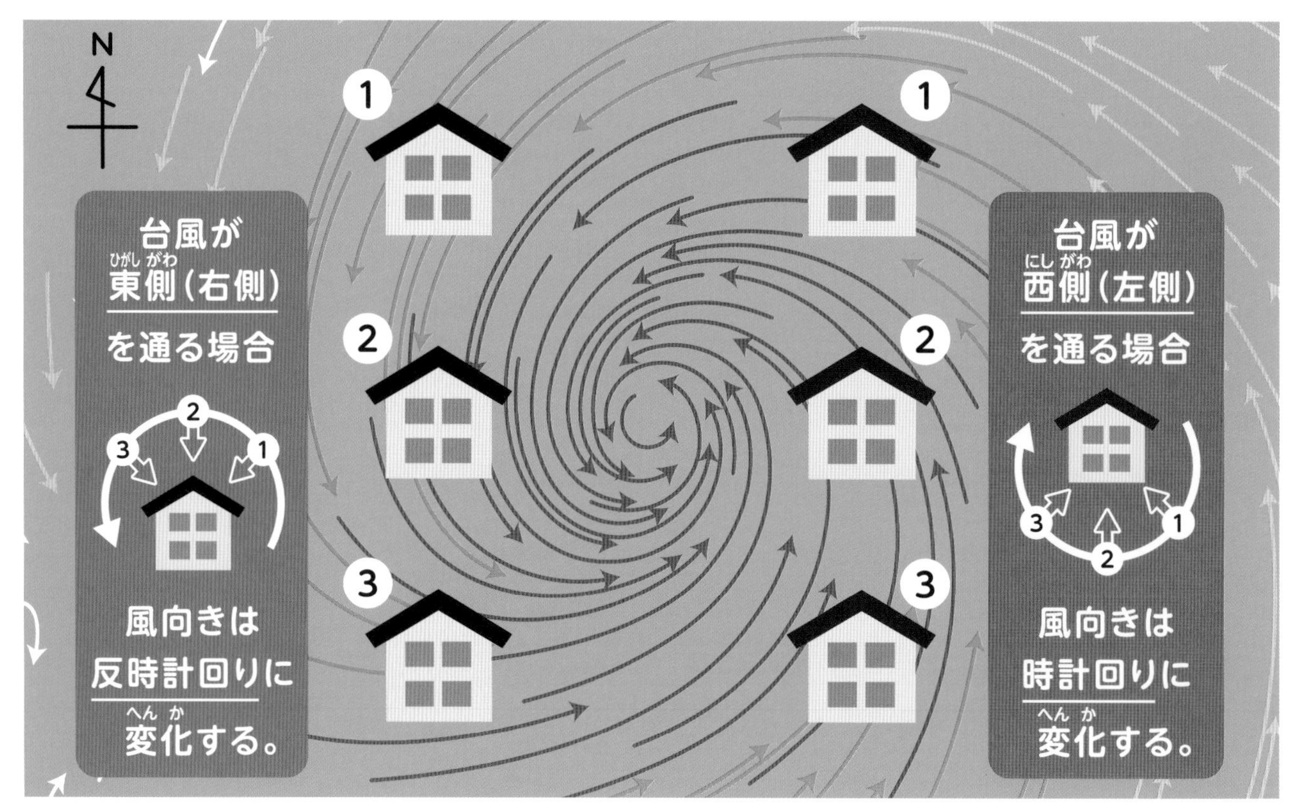

▲矢印は台風の風の向きをあらわす。①②③は、台風が北にすすんだときの、台風に対する観測地点の位置をあらわす（観測地点が移動しているわけではない）。風がどちらからふいてくるかは、台風が観測地点のどちら側を通るかによってちがう。

▲**台風15号の強風で根元からたおれた送電用の鉄塔**　千葉県君津市にある高さ50mの鉄塔2基がたおれ、大規模な停電が発生した。この影響で、全国に24万基ある送電用の鉄塔すべてが点検されることになった。　（提供：朝日新聞社／Cynet Photo）

●**2019年台風15号の進路**

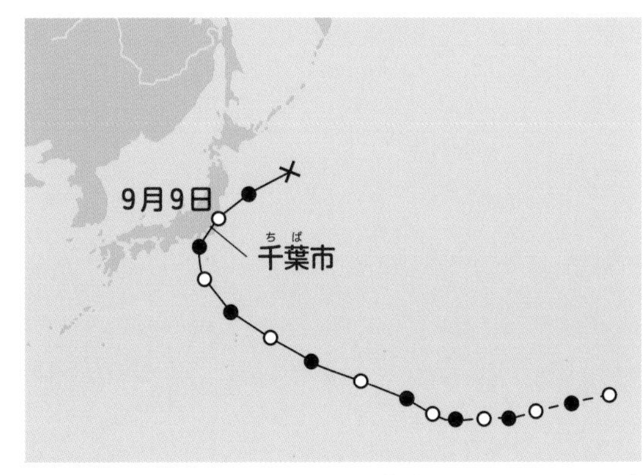

（気象庁ホームページより）

▲**台風15号の影響で停電した千葉県袖ケ浦市付近の市街地**　千葉県を中心に最大約93万戸で停電が発生した。（提供：朝日新聞社／Cynet Photo）

▲**強風で落ちたナシ**　千葉県では収穫前のナシが落ちるなど、農作物への被害があいついだ。

（提供：朝日新聞社／Cynet Photo）

▲**強風でおれた大きな木**　倒木によって道路がふさがれたり線路がつかえなくなったりして、通学や通勤にも影響が出た。（提供：朝日新聞社／Cynet Photo）

▲鬼怒川の堤防が切れて、川の水につかった市街地 茨城県常総市では、鬼怒川と小貝川にはさまれた広い範囲が水につかった。 （提供：朝日新聞社／Cynet Photo）

台風による雨の被害

台風の目のまわりには、発達した積乱雲がとりかこんでいます。このため、台風が近づくとはげしい雨がふります。とくに、台風シーズンとなる9月は、日本列島に秋雨前線が停滞します。そのときに台風がやってくると、秋雨前線にむかってあたたかくてしめった空気が流れて、秋雨前線の活動が活発になり、広い範囲で大雨がふります。

大雨がふりつづくと、川の水位が上昇して堤防をこえたり、流水の力で堤防をくずしたりして洪水が発生することがあります。洪水が発生すると家屋や田畑が水につかり、川の近くでは、家ごとおしながされてしまうこともあります。

上の写真は、2015年9月、台風18号などの大雨によって浸水した茨城県常総市のようすです。常総市では鬼怒川がはんらんして、市の面積の約3分の1にあたる約40㎢が水につかりました。住宅などにとりのこされた住民から警察に救助要請があいつぎ、4000人以上が自衛隊や消防などのヘリコプターやボートで救助されました。

また、大雨のときやそのあとは、地盤がゆるんで土砂災害がおこりやすくなります。急な斜面やがけが多い日本では、がけくずれや地すべり、土石流などにも注意が必要です。

▲**2013年9月の台風18号の大雨で水があふれた桂川**　京都市の観光名所の嵐山では、桂川が増水して渡月橋（手前の橋）や旅館などが水につかった。
（提供：朝日新聞社／Cynet Photo）

◀**2011年の台風12号などの大雨で発生した土砂災害**　紀伊半島では記録的な大雨によって、山の表面をおおっている土砂だけでなく、岩盤ごとくずれおちる大規模な土砂災害が発生した。これを「深層崩壊」という。

●おもな土砂災害

がけくずれ

▲水をふくんでもろくなった斜面がくずれおちること。とつぜんくずれて、近くの家屋や人がまきこまれることがある。

地すべり

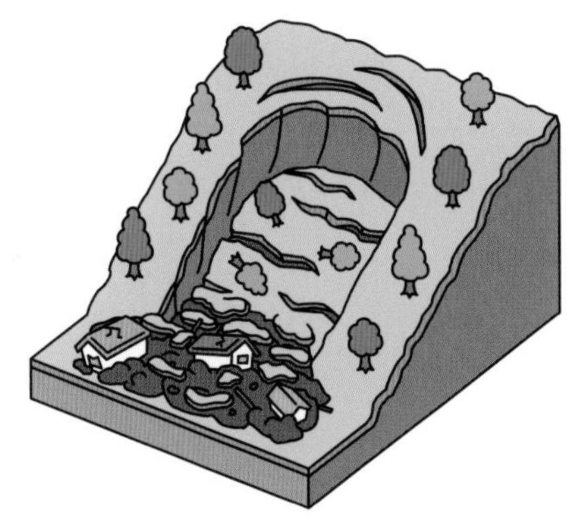

▲ゆるやかな斜面が、生えている木や建物ごとゆっくりと動きだすこと。広い範囲でおこることが多い。

土石流

▲水とともに、山の斜面や谷にたまった土砂や石などが、いっきに流れくだること。一瞬のうちに家屋や田畑をおしながす。

台風による高潮の被害

台風や発達した低気圧がおこす暴風によって、海岸で海水面がふだんでは考えられないほど高くなることがあります。これが高潮です。高潮は「すいあげ効果」と「ふきよせ効果」のふたつが原因で発生します。

気圧が1hPa（ヘクトパスカル）さがると、海面は約1cm高くなるといわれています。これが「すいあげ効果」です。ふだんは1000hPaのところに940hPaの台風が接近すると、海面は約60cmも高くなります。

台風による風が沖から海岸にむかってふきつけると、海水が海岸のほうにふきよせられて海面が高くなります。これが「ふきよせ効果」です。とくに、V字型で奥にいくほどせまくなる湾では、波が集まるので、ふきよせ効果が大きくなり、海面がさらに上昇します。台風の中心が湾の西側を通るときも、風が強くなって大きな高潮が発生します。

また、満潮で海面が高くなっているときに高潮がおこると、より高い波（高波）がおしよせてきます。高波は防波堤をのりこえ、あるいは防波堤をこわして集落をおそい、一瞬のうちに家や人びとをのみこんでしまいます。

近年では、2018年の台風21号によって、近畿地方の沿岸部で記録的な高潮が発生しました。台風21号は9月4日、非常に強い勢力で徳島県南部に上陸し、その後、兵庫県神戸市付近に再上陸しました。進行方向の右側にあった人工島の関西国際空港では、高潮で滑走路やターミナル付近が浸水し、空港の機能が停止しました。さらに、空港と対岸をむすぶ連絡橋に大型タンカーが衝突して通行できなくなり、利用客など約3000人が一時空港に取りのこされました。

●高潮が発生するしくみ

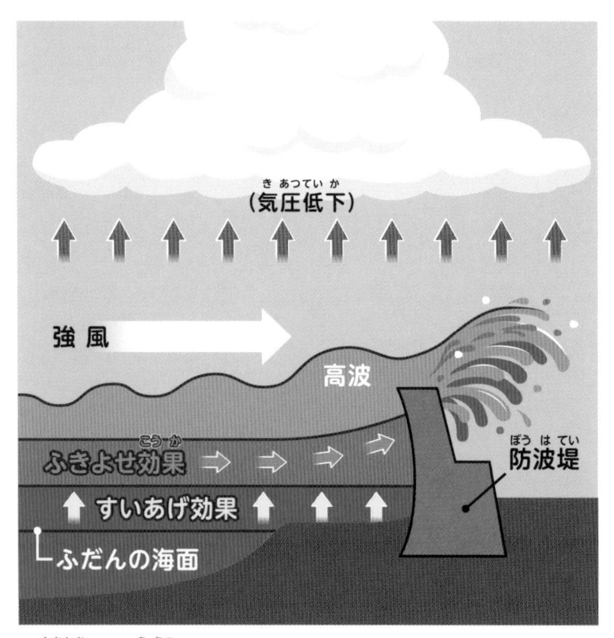

▲高潮は、気圧がひくくなって、海水面がすいあげられるすいあげ効果と、強い風が海岸にふきよせて、海岸よりの海水面が高くなるふきよせ効果によっておこる。

▲**安芸漁港の防波堤に打ちよせる高波** 高知県安芸市にある安芸漁港では、台風21号の影響で高波が防波堤をのりこえ、市場が浸水したり船が転覆したりした。 (提供:朝日新聞社/Cynet Photo)

●**2018年台風21号の進路**

(気象庁ホームページより)

▼**高潮で浸水した大阪府泉佐野市の関西国際空港** 2つある滑走路のうち1つが水につかり、つかえなくなった。(提供:朝日新聞社/Cynet Photo)

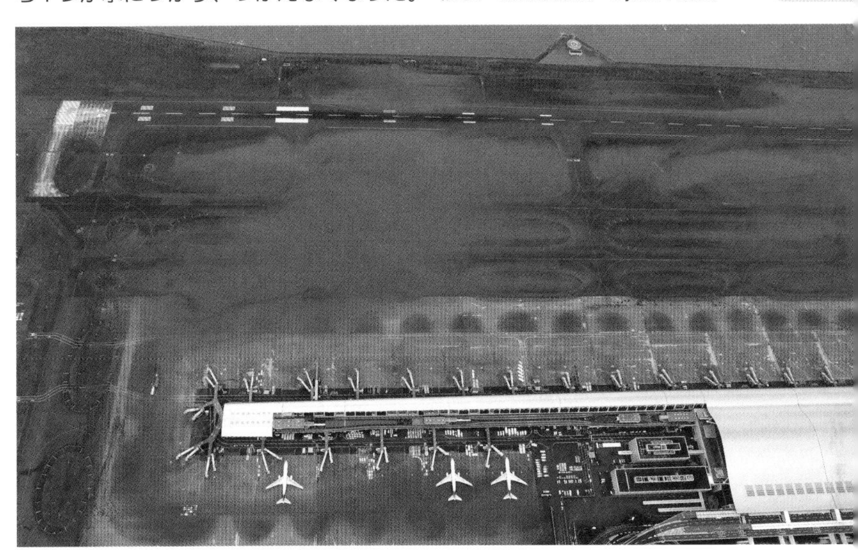

Information 台風による塩害

台風によって海岸付近が強風にさらされると、風でまきあげられた海水が陸にはこばれて、海水にふくまれる塩分で農作物や樹木がかれることがあります。これを「塩害」といいます。台風の通過時やそのあとに雨がふらないと、塩分があらいながされずにのこるので、被害が大きくなります。

2018年9月30日の台風24号の場合、台風が去ったあと、農作物や街路樹の葉がかれる被害が各地であいつぎました。東京都心では、送電線の出火による停電もおこり、鉄道が運休しました。付着した塩によって、電線がショートしたことが原因でした。

▲台風24号により葉の一部が黒くなったキャベツ。 (提供:朝日新聞社/Cynet Photo)

昭和時代の三大台風

台風は過去にも、大きな被害をもたらしました。ここでは、昭和時代に大きな被害をもたらし、「昭和の三大台風」とよばれる3つの台風を紹介します。

室戸台風

室戸台風は、1934（昭和9）年9月21日午前5時ごろ、高知県の室戸岬付近に上陸した超大型の台風です。このときの中心の最低気圧は911.6hPa（ヘクトパスカル）で、これは当時の世界最低気圧でした。台風はその後、午前8時ごろに兵庫県神戸市付近に再上陸し、暴風によって建物がこわれたり、列車が転倒したりする被害を出しました。死者・行方不明者は、近畿、四国地方を中心に3000人をこえました。

とくに被害が大きかったのは大阪府でした。大阪湾で高潮が発生して、沿岸の地域が水につかりました。また、大阪市や京都市では、暴風によって倒壊した木造校舎の下じきになるなどして、たくさんの児童や職員が命を落としました。

●昭和の三大台風の進路

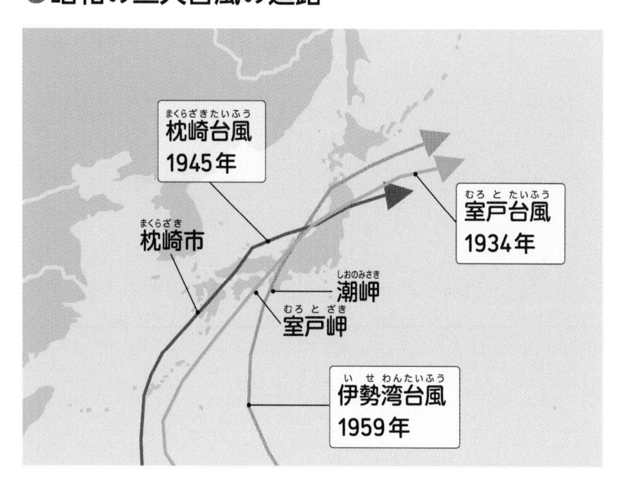

枕崎台風

枕崎台風は、1945（昭和20）年9月17日午後2時ごろ、鹿児島県枕崎市付近に上陸した超大型の台風です。このときの中心の最低気圧は916.1hPa（ヘクトパスカル）、最大瞬間風速は秒速62.7mでした。それを観測した直後に、観測所の屋根がふきとんで風速計がこわれてしまったので、もっと強かったのかもしれません。

台風は、九州地方に暴風と大雨をもたらしたあと、広島県に再上陸しました。広島市は、8月6日の原子爆弾によって大きな被害をうけたばかりで、台風の接近を市民に知らせることができませんでした。このため、土砂災害や河川のはんらんにまきこまれて、2000人以上の死者・行方不明者が出ました。病院が倒壊し、収容されていた多くの原爆の被害者や医療関係者も犠牲になりました。

▲**室戸台風でこわれた京都市の小学校** 木造二階建ての校舎がたおれ、大勢の児童が下じきになった。当時は木造校舎が一般的だったため、暴風で倒壊する校舎が多かった。

（提供：朝日新聞社／Cynet Photo）

伊勢湾台風

伊勢湾台風は、1959（昭和34）年9月26日午後6時ごろ、和歌山県の潮岬付近に上陸した超大型の台風です。このときの中心の最低気圧は929.2hPa（ヘクトパスカル）、最大瞬間風速は秒速48.5mでした。台風は奈良県を北上したため、進行方向の右側（東側）にあたる伊勢湾の沿岸地域では、強風がふきあれ、雨が強まりました。

大きな高潮も発生しました。名古屋港で海面が約3.5mも高くなり、堤防が切れて、名古屋市や知多半島の広い範囲が水につかりました。さらには、名古屋港内にあった貯木場から大量の木材が流れだし、家屋をつぎつぎとおそったのです。この台風による死者・行方不明者は5000人以上にのぼり、その多くは高潮の被害者でした。

そのようななか、高潮の被害をうけながら一人の死者も出さなかった町があります。伊勢湾ぞいの楠町（現・四日市市楠町）です。住民たちが楠町の避難指示にしたがって、雨がふりだす前から学校や公民館に避難していたため、犠牲者を出さずにすみました。

伊勢湾台風で大きな被害が出たことを教訓に、「災害対策基本法」が制定されたんだ。

▲**1959年9月27日、伊勢湾台風の高潮で浸水した名古屋市港区の名港通**　台風が通過したあともしばらく水がひかず、ボートやいかだを使って行き来していた。

（提供：朝日新聞社／Cynet Photo）

▲**木材でうまった住宅地**　伊勢湾台風では高潮も発生して大量の木材が住宅地に流れこんだ。

（提供：朝日新聞社／Cynet Photo）

●昭和時代の三大台風による被害

台風名	上陸・接近した年月日	死者・行方不明者（人）	負傷者（人）	こわれた家（棟）	浸水した家（棟）	流出・冠水などした耕地（ha）	沈没・流出などした船（隻）
室戸台風	1934年9月21日	3036	1万4994	9万2740	40万1157	不詳	2万7594
枕崎台風	1945年9月17日	3756	2452	8万9839	27万3888	12万8403	不詳
伊勢湾台風	1959年9月26日	5098	3万8921	83万3965	36万3611	21万859	7576

（気象庁ホームページより）

台風の記録をしらべよう

昭和の三大台風以外にも、過去には大きな被害をもたらした台風がいくつも発生しました。歴史にのこる台風をしらべてみましょう。

▲エルトゥールル号　（提供：串本町）

元軍をおそった暴風雨

鎌倉時代には、元（現在のモンゴル）の軍勢が二度にわたって日本に攻めてきました。元寇です。日本軍は、元軍の集団戦法と火薬を用いた武器に苦しめられましたが、二度とも「神風」がふいて元軍は退散したといいます。この神風は台風だったといわれていますが、本当はどうなのでしょう。

一度目の来襲は1274（文永11）年10月20日で、現在の暦になおすと11月26日になります。この時期に台風がくる確率はひくいので、台風ではなかったのかもしれません。

二度目は1281（弘安4）年7月1日です。現在の暦では8月22日になり、台風がやってきやすい時期にあたります。「北東の風がふいて、元軍の軍船を蹴散らし、兵もろとも海のもくずと化した」と伝えられていることからも、二度目は台風だった可能性が高いと考えられています。

友好のきっかけになった遭難事故

日本とトルコは友好的な関係にあります。そのきっかけになったのが、明治時代におきた遭難事故でした。

1890（明治23）年9月16日、オスマン帝国（現在のトルコ）の軍艦エルトゥールル号が、和歌山県南端の大島樫野崎沖で台風に遭遇して座礁し、沈没しました。500人以上の乗組員が亡くなり、生存者はわずか69人でした。このとき、事故を知った大島村（現在の串本町）の人びとが救援にかけつけ、生存者を戸板などにのせて収容先にはこんだり、食料を提供したりしました。そして、事故から20日後、69人は日本海軍の軍艦でトルコに帰国しました。

この事故は、トルコの国内で大きく報道されました。トルコの人びとのあいだでは現在も、日本人が懸命に救助活動をおこなったことが語りつがれています。

▲神戸の病院で治療をうけた乗組員たち　（提供：串本町）

客船を転覆させた洞爺丸台風

洞爺丸台風は、1954（昭和29）年9月26日午前2時ごろ、鹿児島県に上陸した台風15号です。台風は九州を縦断したあと、時速80～100kmという猛スピードで北上し、わずか15時間で津軽海峡に到達しました。

午後2時半ごろ、函館港では秒速20mをこえる強風がふいていたため、北海道と青森県をむすぶ青函連絡船の洞爺丸が出港を見合わせていました。午後5時すぎになると雨や風がおさまり、青空も見えてきたことから、洞爺丸は出港しました。ところが、その直後に強風と高波にあおられて転覆し、1155人が死亡しました。事故がおきたのは、陸からわずか1kmの地点でした。

この事故は、1912年に北大西洋で沈没し、1500人以上の死者を出したイギリスの客船タイタニック号につぐ海難事故として世界中に報道されました。また事故をきっかけに、青函連絡船にかわる新しい交通手段として、青函トンネル建設の機運が高まりました。

▲台風によって転覆した洞爺丸の船底　洞爺丸は全長113m。1948年に建造されたばかりだった。

（提供：朝日新聞社／Cynet Photo）

強風で収穫まぢかのリンゴが落下！

1991（平成3）年9月27日、台風19号が長崎県佐世保市付近に上陸しました。そのときの中心気圧は940hPa（ヘクトパスカル）、中心付近の最大風速は秒速50mという非常に強い勢力でした。台風はいったん日本海にぬけたあと、時速約100kmという猛スピードで北上して北海道渡島半島に再上陸しました。この台風によって、各地で観測史上最大の風速を記録しました。その影響で青森県では、収穫まぢかだったリンゴの約7割が地面に落ちました。そのため「リンゴ台風」とよばれています。秋の台風はスピードが速く、「韋駄天台風」ともよばれます。

台風に関することわざ

天気予報がなかった時代は、台風接近の手がかりとなる前ぶれを見のがさないようにしていた。台風から身を守るために伝えられてきたことわざをしらべてみよう。

●夏の東風が二、三日つづけば台風

夏の台風は動きがおそく、台風が接近する何日も前から東寄りの風がふく。

●秋雨むし暑ければ大風

秋のはじめに台風が接近していると、むし暑さを感じるような風がふくことが多い。

●白雲糸をひけば暴風雨

白雲とは、空の高いところにできる巻雲のこと。台風が接近すると、台風からふきだす高い空の風によって、糸をひいたような巻雲が見られる。

●二百十日に東方の雲に光あれば台風来る

二百十日（9月1日ごろ）あたりは台風がよくきて、東の空に大きな雲がかがやいて見える。

●海鳴りが聞こえると暴風雨がくる

台風が接近してうねりが強まると、海岸で大きな音がするようになる。

●洞爺丸台風・リンゴ台風の進路

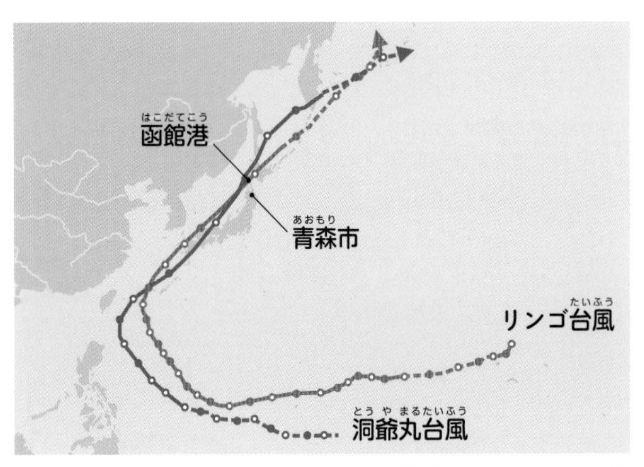

（気象庁ホームページより）

台風へのそなえ

都市部では、ふった雨は、側溝や下水道によって河川にはこばれます。しかし、台風などで大雨が長時間ふりつづくと、町なかにふった雨を排水できず、浸水がおこりやすくなります。そのため、地下などに、浸水をふせぐために雨水を一時的にたくわえておく施設がつくられています。これを調節池といいます。

また、埼玉県春日部市には、地下に放水路という人工河川がつくられています。この地域を流れる中川の周辺は、まわりよりも土地がひくく、雨がたまりやすい地形になっています。そのため、ひとたび大雨がふると、浸水被害がくりかえし発生していました。そこで、浸水から地域を守るためにつくられたのが、放水路です。河川のあふれそうになった水を放水路に流して河川の水量をへらし、調圧水そうを通して水のいきおいを弱めてから、大きな河川へ流すしくみです。

台風による浸水や土砂災害などから私たちのくらしを守るため、さまざまな施設がつくられています。しらべてみましょう。

▲**埼玉県春日部市の首都圏外郭放水路の調圧水そう** 地下22mにつくられた長さ177m、はば78m、高さ18mの巨大な水そうで、「地下神殿」ともよばれている。（提供：国土交通省江戸川河川事務所）

▼**神田川・環状七号線地下調節池** 東京都の環状七号線の地下約40mにつくられた大規模な調節池。大雨のときに神田川水系の川から水を流しいれて、はんらんしないようにしている。（提供：東京都建設局）

Information

川の防災情報

国土交通省では、国が管理している全国の河川について防災情報を提供している。ウェブサイト「川の防災情報」では、川ぞいに設置したカメラ映像や「河川の断面図」などを通して、住んでいる地域の川のようすや水位をリアルタイムで確認することができる。大雨のときには、川のようすを直接見にいこうとせず、こうしたウェブサイトを活用しよう。

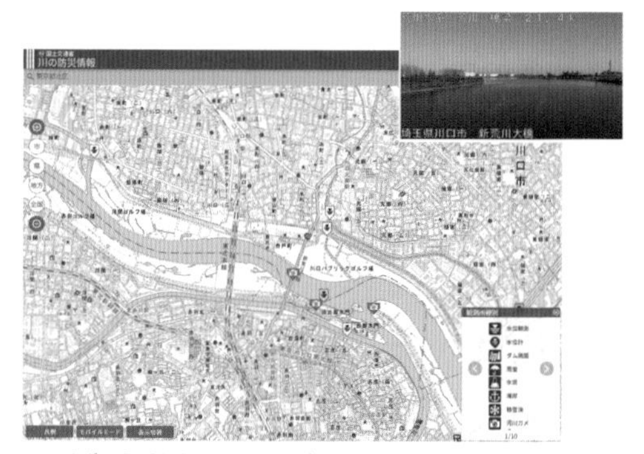

▲国土交通省の「川の防災情報」の例

●台風にそなえて準備すること

台風の接近にそなえて、日ごろから準備をしておくことがたいせつです。また、風が強まると、ものが飛んだり看板が落ちたりすることがあります。避難指示が出ていなければ、家の中ですごすようにしましょう。

非常用品を用意する

3日分以上の飲み水や非常食を用意しておく。ふろおけやバケツに水をためておけば、断水のときもトイレやせんたくなどにつかうことができる。

飛ばされやすいものがないか点検する

家の外においてあるものが飛ばされて歩行者にけがをさせたりしないように、植木鉢や自転車など、風で飛ばされそうなものは家の中にしまっておく。大きなものはひもで固定しておく。

停電にそなえる

停電やガスが止まったときにそなえて、懐中電灯やLEDランタン、防災ラジオ、ガスコンロなどを用意しておく。夏は熱中症対策として、電池式の扇風機などがあると安心だ。

雨戸やシャッターをしめる

飛んできたものがぶつかって窓ガラスがわれないよう、雨戸やシャッターをしめる。雨戸などがない場合は、飛散防止フィルムや養生テープをはっておくと、ガラスの破片が飛びちるのをふせぐことができる。

Information 台風は貴重な水資源

台風による雨は、私たちの生活になくてはならない貴重な水資源にもなっている。日本の水資源の大部分は、梅雨の雨、冬の雪、そして台風のときの雨によるもので、私たちは、それらをダムにためてつかっている。梅雨に雨がほとんどふらないと、ダムの貯水量がへり、ときには水道水の使用が制限されることもある。そのようなときは、一度に大量の雨をもたらす台風が待ちどおしくなる。

2005年、四国の水がめといわれる早明浦ダムでは、8月までまとまった雨がふらず、ダムの水がほとんどなくなった。この水不足をすくったのは台風14号で、大雨によって、早明浦ダムは1日で満水になった。

▲貯水率0%になった、台風通過前の早明浦ダム

▲台風の通過によって貯水率100%になった早明浦ダム

（提供：独立行政法人水資源機構池田総合管理所）

台風情報を正しく読もう

台風から身を守るためには、台風情報を正しく読むことがたいせつです。1巻の3章で紹介したように、気象庁は、全国に気象観測網をはりめぐらして、気象観測をおこなっています。また、赤道上空を回っている気象衛星「ひまわり」などをつかって、宇宙からも雲の種類と量、大気の流れ、海面の温度などを観測しています。

日本列島の南の海上に熱帯低気圧が発生すると、台風になるかどうか、監視をつづけ、最大風速が秒速17.2m以上になれば「台風○号」と名づけます。そして、台風が日本に近づいてくると、テレビやラジオなどの天気予報を通して、台風の中心の位置、進行方向と速度、中心気圧、最大風速（10分間平均）、最大瞬間風速と、5日先までの「進路予報」

●台風の進路予報図の読み方

を発表します。

進路予報には、左下の図のように、台風の中心がある位置、強風の範囲、暴風の警戒が必要な範囲、予報円がしめされます。予報円は、12時間後や24時間後、48時間後などに、台風の中心が到達すると予想される範囲です。台風の中心が予報円内にすすむ確率はおよそ70％で、かならず予報円のとおりにすすむわけではありません。

こうした進路予報は、気象衛星やアメダス（地域気象観測システム）などからえられる気象データをスーパーコンピューターが解析し、その結果をもとに気象庁の予報官が話しあって決めています。技術の進歩により、予報の精度は年ねんあがっています。進路予報は、台風がすすむにつれて更新されます。最新の情報をこまめに確認して、住んでいる地域にどんなことが予想されるかを考え、防災の準備をするようにしましょう。

また、台風によって災害が発生するおそれがあるときは、市区町村や気象庁からその地域の状況に合わせて「警戒レベル」が発令されます。災害の危険度と、とるべき行動を5段階でしめしたもので、テレビやラジオ、市区町村のホームページ、防災行政無線などを通して発表されます。

●警戒レベルと避難情報

警戒レベル	とるべき行動	避難情報など	警戒レベルに相当する防災気象情報
5	命の危険。ただちに安全を確保する。	緊急安全確保	大雨特別警報、氾濫発生情報など
4	高齢者だけでなく、全員が安全な場所へ避難する。	避難指示	土砂災害警戒情報、氾濫危険情報など
3	避難に時間がかかる高齢者などは、危険な場所から避難する。	高齢者等避難	大雨警報、洪水警報、氾濫警戒情報など
2	自分の避難行動をハザードマップなどで確認する。		大雨注意報、洪水注意報など
1	災害への心がまえを高める。		

※数字が大きくなるほど危険度は高まる。安全に避難するためには、レベル4までに避難することが重要になる。
※警戒レベルに相当する防災気象情報は、気象庁や都道府県などから発表される。

Information 夏の台風と秋の台風のちがい

日本列島に上陸または接近する台風が多くなるのは、夏と秋だが、夏の台風と秋の台風にはちがいがある。夏の台風の特徴は、動きがおそいことだ。ゆっくりと日本列島に近づいてきて、長い期間にわたって雨をふらせる。また、21ページで紹介した台風12号のように、複雑な動きをすることが多く、進路を予想しにくいのも特徴だ。

いっぽう、秋の台風の特徴は動きが速いことだ。急速に日本列島に接近して、暴風雨をもたらす。秋雨前線が停滞しているときに台風が近づいてくると、秋雨前線の活動が活発になって大雨になることも多く、注意が必要だ。

●2019年の台風10号と台風15号の進路

▲台風10号は発生から9日、15号は4日で上陸した。

4章 たつまきについて知ろう

アメリカのコロラド州で発生した巨大なたつまき　アメリカではたつまきは「トルネード」とよばれている。　（提供：Cynet Photo）

たつまきはなぜできる？

たつまきは、非常に発達した積乱雲の下で発生する強い空気のうずです。地上と上空の気温差が大きいほど大気の状態が不安定になって、強い上昇気流が発生し、積乱雲が発達します。この発達した積乱雲の底から「ろうと雲」とよばれる、はげしくうずをまいた雲が地上にむかってのびてきます。それが地上に到達すると、たつまきになります。

たつまきの太さ（直径）は数十～数百mですが、うずの中ではゴーッというはげしい音とともに強い風がふいています。土や砂をまきあげながら数kmにわたって移動し、木や電柱をなぎたおしたり、家や自動車をふきとばしたりします。そのため、たつまきが通ったあとは細長い帯状に被害が見られます。また、海や湖など、水上で発生するたつまきもあります。

アメリカでは、1年間に1200個もたつまきが発生しています。日本のものよりも威力があり、風速が秒速100mをこえることもあります。とくにテキサス州からネブラスカ州にかけての中西部は、たつまきが多いことから「たつまき街道」とよばれています。日本のたつまきは数分から十数分で消滅しますが、1時間以上つづくこともあります。

2021年12月には、10日の夜から11日にかけて、南部や中西部の6つの州で30個以上のたつまきが発生しました。多くの建物が破壊され、ケンタッキー州などで多数の死者が出ました。

●たつまきができるまで

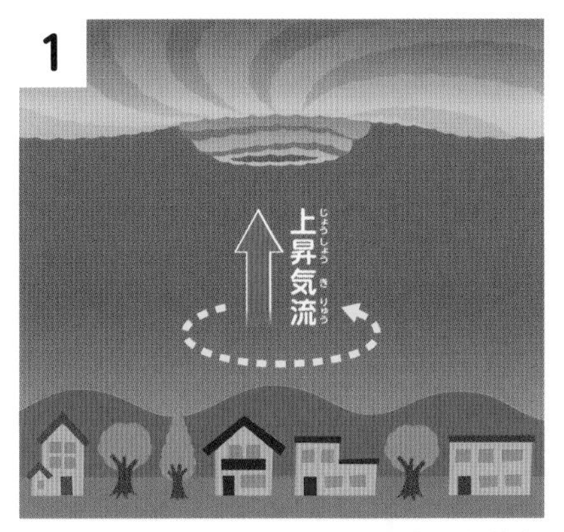

▲地上にできたうずが、積乱雲の上昇気流で持ちあがる。

▲積乱雲の下部でうずが細く速くなって、「ろうと雲」がおりてくる。

▲ろうと雲が地上にとどくと、たつまきになり、まわりのものをまきあげる。

Information 藤田哲也（1920～1998年）

福岡県北九州市生まれ。明治専門学校（現在の九州工業大学）を卒業。27歳のとき、雨雲の中に下降気流があることを発見。それがシカゴ大学にみとめられて1953年、アメリカへわたり、たつまきの調査、研究をおこなった。1971年には、被害状況からたつまきの強さを推定する藤田スケール（Fスケール）を考案した。その後、航空機の墜落事故の調査を通して、ダウンバースト（積乱雲の下で発生する突風）を発見。それらのすぐれた業績から、ミスター・トルネードとよばれた。

藤田スケールは、現在も多くの国でつかわれている。日本では、2016年から、日本の建物にあわせて改良した日本版改良藤田スケール（JEFスケール）が用いられている。

▲藤田哲也
（提供:藤田哲也博士記念会）

●たつまきの強さをあらわすスケール

藤田スケール

階級	風速（秒速）	被害のようす
F0 微弱	17～32m（約15秒間の平均）	小枝がおれる。アンテナなどの弱い構造物がたおれる。
F1 弱い	33～49m（約10秒間の平均）	屋根がわらが飛び、ガラス窓がわれる。根の弱い木がたおれる。
F2 強い	50～69m（約7秒間の平均）	家の屋根がはぎとられる。自動車が道からふきとばされる。
F3 強烈	70～92m（約5秒間の平均）	家がたおれる。列車が転覆し、自動車が飛ばされる。森林の大木がおれるか、たおれる。
F4 激烈	93～116m（約4秒間の平均）	家がばらばらになる。鉄骨づくりの家もつぶされる。自動車が何十mも飛ばされる。
F5 想像を絶する	117～142m（約3秒間の平均）	家はあとかたもなくふきとばされる。列車などがとんでもないところまで飛ばされる。

日本版改良藤田スケール

階級	風速（秒速。3秒平均）	被害のようす
JEF0	25～38m	窓ガラスがわれる。自動販売機がたおれる。
JEF1	39～52m	軽自動車が横転する。道路交通標識の支柱がたおれる。
JEF2	53～66m	普通自動車や大型自動車が横転する。鉄筋コンクリート製の電柱がおれる。
JEF3	67～80m	木造住宅がこわれる。アスファルトがはがれる。
JEF4	81～94m	工場や倉庫の屋根がはがれる。
JEF5	95m～	鉄骨系の住宅や鉄骨づくりの倉庫がこわれる。

たつまきによってもたらされる被害

日本でとくに被害が大きかったのは、2012年5月6日の昼ごろに発生した茨城県つくば市のたつまきです。強さは、藤田スケールで国内最大級のF3でした。

茨城県常総市内で発生したたつまきは、つくば市内まで約17kmを時速約60kmでかけぬけました。わずか18分のあいだに、はば約500mの範囲で約1000棟の家屋が被害をうけ、37人がけがをし、1人が亡くなりました。

このとき、つくば市では、南からあたたかくてしめった空気が流れこみ、気温が上昇しました。地上付近の昼ごろの気温は、平年よりも約4℃も高い25.8℃でした。いっぽう、上空、約5500m付近では、－20℃くらいの強い寒気が流れこみ、上空と地上との気温差が約45℃にもなりました。

このため、大気の状態が不安定になり、強い上昇気流が発生して積乱雲が巨大に発達し、たつまきをひきおこしたと考えられています。

この日は、茨城県、栃木県、福島県の3県でほぼ同時にたつまきが発生し、茨城県で約1300棟、栃木県でも約900棟の建物が被害をうけました。

▲**つくば市のたつまきで屋根がふきとばされた家屋**　屋根がわらが飛んでしまった家や、屋根やかべがはぎとられた家、2階部分が崩壊してしまった家が見える。　（提供：朝日新聞社／Cynet Photo）

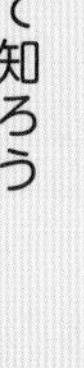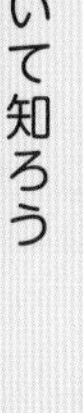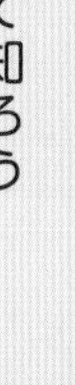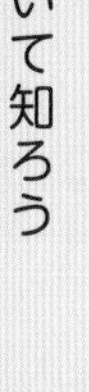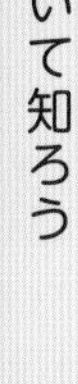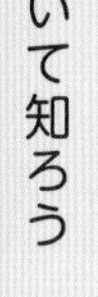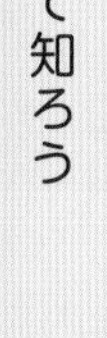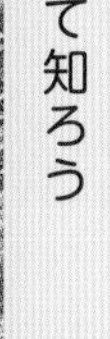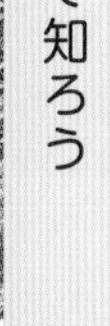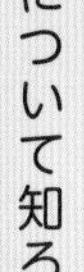

▼台風19号の接近にともない発生したたつまきの被害 2019年10月12日、台風19号（➡6ページ）が接近した午前8時すぎ、千葉県市原市でたつまきが発生し、家がこわされたり自動車が横転したりする被害が出た。日本版改良藤田スケールでJEF2のたつまきだった。

（提供：朝日新聞社／Cynet Photo）

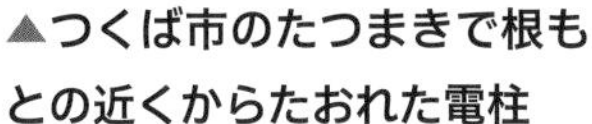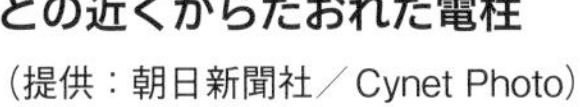

▲つくば市のたつまきで根もとの近くからたおれた電柱

（提供：朝日新聞社／Cynet Photo）

Information たつまきから身を守るには

たつまきが近づいてくるときの特徴的な天気がある。たとえば、「真っ黒な雲で日差しがさえぎられ急に暗くなる」「つめたい風がふきだす」「かみなりが鳴ったり、いなびかりがしたりする」「大つぶのひょうがふってくる」などだ。たつまきでこわいのは、飛んでくるものだ。このようなときは、がんじょうな建物に避難し、雨戸やカーテンをしめて、1階の窓のない部屋、またはトイレ、ふろ場などですごすようにする。窓のそばは、ガラスがわれるなどして危険だ。そして、机やテーブルの下で身を小さくして、頭を守ろう。

気象庁では、たつまきが発生する可能性が高まると、「竜巻注意情報」を発表して1時間以内の注意をよびかける。また、たつまきが発生すると予測される地域の情報を「竜巻発生確度ナウキャスト」で、現在と1時間先までを10分ごとに発表している。あわせて活用しよう。

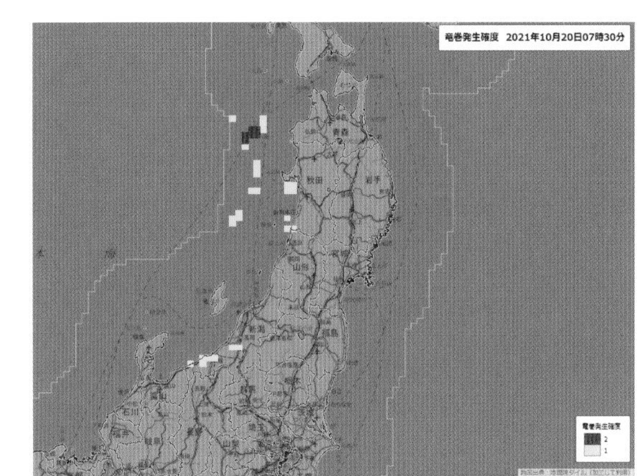

▲「ナウキャスト」2021年10月20日の例。たつまきが発生する可能性がある地域が、赤や黄色でしめされる。

たつまきの記録をしらべよう

日本では、1年間に約23個（2007～2017年の平均。海上たつまきはふくまない）のたつまきが発生しています。右ページの月別発生確認数を見ると、たつまきは、季節をとわず一年中発生していることがわかります。なかでも9月がもっとも多く、ついで10月、8月となっています。これは、台風の接近にともなって発生するたつまきが多いためです。

また、日本で発生したたつまきの分布図を見ると、北海道から沖縄まで、全国どこでも発生していることがわかります。

過去にはつくば市のたつまきのほかにも、列車が横転した宮崎県延岡市のたつまきなど、多くのたつまきが発生しています。歴史にのこるたつまきをしらべてみましょう。

千葉県茂原市のたつまき

1990年12月11日午後7時ごろに発生した、国内最大級のF3に相当するたつまきです。長さ6.5km、最大はば1.2kmの範囲に被害が出て、死者1人、負傷者73人、243棟の家屋が全壊または半壊しました。10トンのダンプカーが横転したほか、多くの車がふきとばされたり、たおれた樹木の下じきになったりしました。

宮崎県延岡市のたつまき

2006年9月17日午後2時ごろ、台風13号が九州の西岸を北上しているときに、延岡市で発生した強さF2のたつまきです。長さ7.5km、最大はば300mの細長い範囲で被害が出て、死者3人、負傷者143人、家屋の全壊・半壊は427棟にのぼりました。列車が横転したほか、家屋がこわれたり墓石がたおれたりしました。

北海道佐呂間町のたつまき

2006年11月7日午後1時すぎに発生した、国内最大級のF3に相当するたつまきです。死者9人、負傷者31人、14棟の家屋が全壊または半壊しました。トンネル工事の現場近くでおこり、作業員用のプレハブ小屋の2棟がふきとばされました。電柱がたおれて停電も発生しました。

▲**たつまきにまきこまれて横転した特急列車**　宮崎県延岡市では、JR日豊本線の特急列車「にちりん」が横転して脱線し、運転手と乗客がけがをした。　（提供：朝日新聞社／Cynet Photo）

●たつまきの分布図（1961～2019年）

沿岸部で多く発生しているが、夏は内陸部でも多くなる。

●都道府県別の発生確認数（1991～2017年）

北海道や沖縄県、高知県、宮崎県、秋田県、鹿児島県で多い。

（※海上たつまきはふくまれない。）

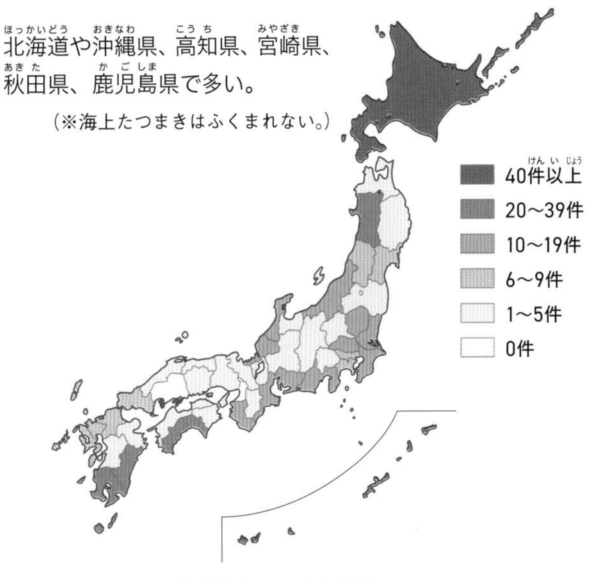

●たつまきの月別発生確認数（1991～2017年）

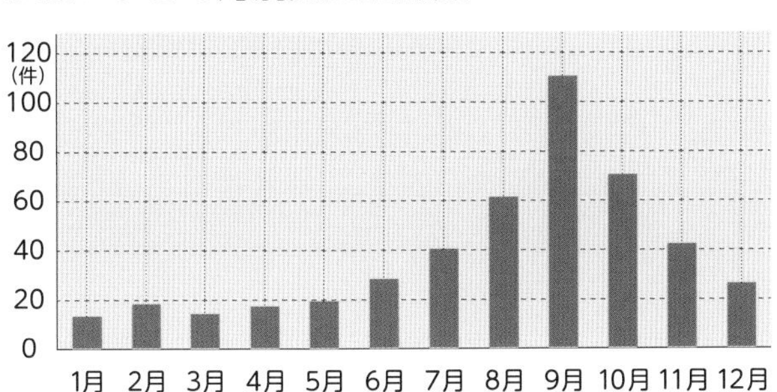

▲一年中発生しているが、台風シーズンの8～10月が多い。（※海上たつまきはふくまない。）

●たつまきの時間別発生確認数（1991～2017年）

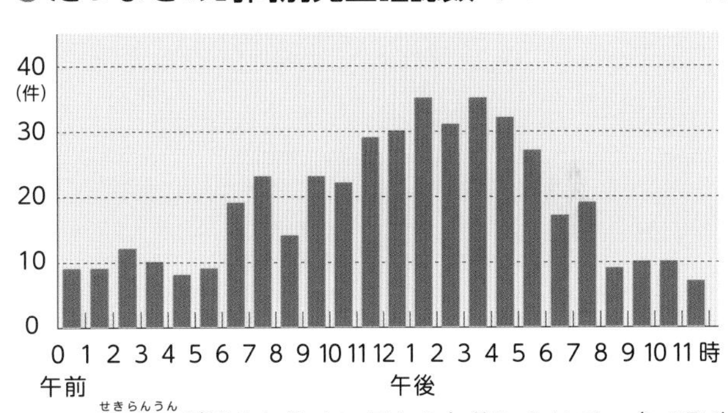

▲積乱雲が発生しやすい昼から午後にかけて、多く発生している。（※海上たつまきはふくまない。）

（気象庁ホームページのデータをもとに作成）

Information つむじ風

たつまきとにたような気象現象に、つむじ風がある。つむじ風は学校の校庭など、地面に近いところでおこる。晴れた日に太陽の熱で地面があたためられると上昇気流が発生し、その上昇気流にむかってまわりの空気がふきこむことでおこる。直径は数mから数十m。たつまきのような威力はないが、運動会などで発生して、テントをまきあげてしまうこともある。つむじ風が発生したら、校舎などに避難するようにしよう。

●つむじ風が発生するしくみ

▶建物などに強い風があたると、その後ろに風がまわりこんでうずをまき、つむじ風ができやすい。

ここには過去におこった台風の記録をのせています。台風は一年中発生していますが、数は年によってちがいます。発生数がもっとも多かったのは1967年の39個で、もっとも少なかったのは2010年の14個でした。日本列島への上陸数では2004年がもっとも多く、10個でした。いっぽう、2020年は2008年以来12年ぶりに0個でした。ただし、台風による被害がなかったわけではありません。この年は7個の台風が接近しましたが、そのうち、9月に発生して朝鮮半島に上陸した台風10号は、非常に強い勢力で九州地方に接近し、各地に記録的な暴風をもたらしました。

下の表は、台風の気圧、風速、降水量などの記録です。上陸時の中心気圧がひくい台風の記録では、1961年の第2室戸台風がトップです。ただし統計開始以前の記録として、30ページで紹介した1934年の室戸台風の911.6hPa（ヘクトパスカル）、1945年の枕崎台風の916.1hPaがあります。

また、一日の降水量の記録では、神奈川県箱根町がトップです。これは、6～9ページで紹介した2019年の台風19号が上陸した10月12日に観測された記録です。同じ日の静岡県湯ケ島と埼玉県浦山が13位と18位に入りました。いかに雨の量がすさまじかったか、わかるでしょう。

最低気圧の記録　上陸時（直前）の中心気圧がひくい台風

順位	台風名	気圧 (hPa)	上陸日	上陸場所
1	第2室戸台風	925	1961年9月16日9時過ぎ	高知県室戸岬の西
2	伊勢湾台風	929	1959年9月26日18時頃	和歌山県潮岬の西
3	1993年第13号	930	1993年9月3日16時前	鹿児島県薩摩半島南部
4	1951年第15号	935	1951年10月14日19時頃	鹿児島県串木野市付近
5	1991年第19号	940	1991年9月27日16時過ぎ	長崎県佐世保市の南
	1971年第23号	940	1971年8月29日23時半頃	鹿児島県大隅半島
	1965年第23号	940	1965年9月10日8時頃	高知県安芸市付近
	1964年第20号	940	1964年9月24日17時頃	鹿児島県佐多岬付近
	1955年第22号	940	1955年9月29日22時頃	鹿児島県薩摩半島
	1954年第5号	940	1954年8月18日2時頃	鹿児島県西部

1日の降水量の記録

順位	都道府県	地点	降水量 (mm)	おこった日
1	神奈川県	箱根	922.5	2019年10月12日
2	高知県	魚梁瀬	851.5	2011年7月19日
3	奈良県	日出岳	844	1982年8月1日
4	三重県	尾鷲	806.0	1968年9月26日
5	香川県	内海	790	1976年9月11日
6	沖縄県	与那国島	765.0	2008年9月13日
7	三重県	宮川	764.0	2011年7月19日
8	愛媛県	成就社	757	2005年9月6日
9	高知県	繁藤	735	1998年9月24日
10	徳島県	剣山	726.0	1976年9月11日

（1951～2021年第5号まで）

最大風速の記録

順位	都道府県	地点	風速 (m/秒)	風向	おこった日
1	静岡県	富士山	72.5	西南西	1942年4月5日
2	高知県	室戸岬	69.8	西南西	1965年9月10日
3	沖縄県	宮古島	60.8	北東	1966年9月5日
4	長崎県	雲仙岳	60.0	東南東	1942年8月27日
5	滋賀県	伊吹山	56.7	南南東	1961年9月16日
6	徳島県	剣山	55.0	南	2001年1月7日
7	沖縄県	与那国島	54.6	南東	2015年9月28日
8	沖縄県	石垣島	53.0	南東	1977年7月31日
9	鹿児島県	屋久島	50.2	東北東	1964年9月24日
10	北海道後志地方	寿都	49.8	南南東	1952年4月15日

最大瞬間風速の記録

順位	都道府県	地点	風速 (m/秒)	風向	おこった日
1	静岡県	富士山	91.0	南南西	1966年9月25日
2	沖縄県	宮古島	85.3	北東	1966年9月5日
3	高知県	室戸岬	84.5	西南西	1961年9月16日
4	沖縄県	与那国島	81.1	南東	2015年9月28日
5	鹿児島県	名瀬	78.9	東南東	1970年8月13日
6	沖縄県	那覇	73.6	南	1956年9月8日
7	愛媛県	宇和島	72.3	西	1964年9月25日
8	沖縄県	石垣島	71.0	南南西	2015年8月23日
9	沖縄県	西表島	69.9	北東	2006年9月16日
10	徳島県	剣山	69.0	南南東	1970年8月21日

資料：気象庁ホームページより。1日の降水量、最大風速、最大瞬間風速の記録のランキングは、各地点の観測史上1位の値を使って作成されたもの。

台風の発生数・接近数(せっきんすう)・上陸数(じょうりくすう)

	発生数													接近数			上陸数
年	1月	2月	3月	4月	5月	6月	7月	8月	9月	10月	11月	12月	年間	接近	本土	南西諸島	
1960				1	1	3	3	10	3	4	1	1	27	19	7	8	4
1961	1		1		2	3	4	6	6	4	1	1	29	15	7	9	3
1962		1		1	2		5	8	4	5	3	1	30	14	8	9	5
1963				1		4	4	3	5	4		3	24	12	6	9	2
1964					2	2	7	5	6	5	6	1	34	8	3	7	2
1965	2	1	1	1	2	3	5	6	7	2	2		32	15	9	11	5
1966				1	2	1	4	10	9	5	2	1	35	19	9	12	5
1967		1	2	1	1	1	7	9	9	4	3	1	39	13	5	9	3
1968				1	1	1	3	8	3	5	5		27	10	5	6	3
1969	1		1	1			3	4	3	3	2	1	19	8	3	6	2
1970		1				2	3	6	5	5	4		26	9	5	6	3
1971	1		1	3	4	2	8	5	6	4	2		36	13	6	11	4
1972	1				1	3	7	5	4	5	3	2	31	11	6	4	3
1973							7	5	2	4	3		21	4	2	3	1
1974	1		1	1	1	4	4	5	5	4	4	2	32	10	4	8	3
1975	1						2	4	5	5	3	1	21	9	4	7	2
1976	1	1		2	2	2	4	4	5	1	1	2	25	13	4	9	2
1977			1			1	3	3	5	5	1	2	21	6	3	3	1
1978	1			1		3	4	8	5	4	4		30	14	7	10	4
1979	1		1	1	2		4	2	6	3	2	2	24	7	5	6	3
1980				1	4	1	4	2	6	4	1	1	24	9	3	4	1
1981			1	2		3	4	8	4	2	3	2	29	11	6	8	3
1982			3		1	3	3	5	5	3	1	1	25	13	6	7	4
1983						1	3	5	2	5	5	2	23	7	4	4	2
1984						2	5	5	4	7	3	1	27	9	2	6	0
1985	2				1	3	1	8	5	4	1	2	27	12	6	11	3
1986		1		1	2	2	4	4	3	5	4	3	29	12	5	9	0
1987	1			1		2	4	4	6	2	2	1	23	10	5	7	1
1988	1				1	3	2	8	8	5	2	1	31	13	6	6	2
1989	1			1	2	2	7	5	6	4	3	1	32	11	7	7	5
1990	1			1	1	3	4	6	4	4	4	1	29	14	8	11	6
1991			2	1	1	1	4	5	6	3	6		29	14	9	11	3
1992	1	1				2	4	8	5	7	3		31	14	5	7	3
1993			1			1	4	7	6	4	2	3	28	9	8	6	6
1994				1	1	2	7	9	8	6		2	36	15	6	10	3
1995				1		1	2	6	5	6	1	1	23	5	3	3	1
1996		1		1	2		6	5	6	2	2	1	26	10	4	7	2
1997				2	3	3	4	6	4	3	2	1	28	15	6	9	4
1998							1	3	5	2	3	2	16	8	6	6	4
1999				2		1	4	6	6	2	1		22	11	5	7	2
2000					2		5	6	5	2	2	1	23	15	5	10	0
2001					1	2	5	6	5	3	1	3	26	11	4	6	2
2002	1	1			1	3	5	6	4	2	2	1	26	13	8	9	3
2003	1			1	2	2	2	5	3	3	2		21	12	6	9	2
2004				1	2	5	2	8	3	3	3	2	29	19	12	15	10
2005	1		1	1	1		5	5	5	2	2		23	12	4	8	3
2006					1	2	2	7	3	4	2	2	23	10	3	6	2
2007				1	1		3	4	5	6	4		24	12	5	8	3
2008				1	4	1	2	4	4	2	3	1	22	9	3	6	0
2009					2	2	2	5	7	3	1		22	8	4	3	1
2010			1				2	5	4	2			14	7	3	6	2
2011					2	3	4	3	7	1		1	21	9	5	7	3
2012			1		1	4	4	5	3	5	1	1	25	17	6	12	2
2013	1	1				4	3	6	8	6	2		31	14	6	9	2
2014	2	1		2		2	5	1	5	2	1	2	23	12	5	10	4
2015	1	1	2	1	2	2	3	4	5	4	1	1	27	14	6	6	4
2016							4	7	7	4	3	1	26	11	9	7	6
2017				1		1	8	6	3	3	3	2	27	8	5	7	4
2018	1	1	1			4	5	9	4	1	3		29	16	10	13	5
2019	1	1				1	4	5	6	4	6	1	29	15	8	7	5
2020					1	1		8	3	6	3	1	23	7	5	6	0
2021		1		1	1	2	3	4	4	4	1	1	22	12	6	7	3

(気象庁ホームページより)

さくいん

丸つき数字は巻数，あとの数字はページ数をあらわします。

ア行

カ行

サ行

タ　行

ナ　行

ハ　行

マ　行

ヤ　行

ラ　行

ワ　行

●監修

武田康男（たけだ・やすお）

空の探検家、気象予報士、空の写真家。日本気象学会会員。日本自然科学写真協会理事。大学客員教授・非常勤講師。千葉県出身。東北大学理学部地球物理学科卒業。元高校教諭。第50次南極地域観測越冬隊員。主な著書に『空の探検記』（岩崎書店）、『雲と出会える図鑑』（ベレ出版）、『楽しい雪の結晶観察図鑑』（緑書房）などがある。

菊池真以（きくち・まい）

気象予報士、気象キャスター、防災士。茨城県龍ケ崎市出身。慶應義塾大学法学部政治学科卒業。これまでの出演に『NHKニュース7』『NHKおはよう関西』など。著書に『ときめく雲図鑑』（山と溪谷社）、共著に『雲と天気大事典』（あかね書房）などがある。

●写真・画像提供

朝日新聞社　ウェザーマップ　串本町　国土交通省江戸川河川事務所
情報通信研究機構（NICT）　武田康男　東京都建設局　独立行政法人水資源機構
池田総合管理所　藤田哲也博士記念会　Cynet Photo

●参考文献

武田康男監修『学研の図鑑LIVE eco 異常気象 天気のしくみ』（学研）
オフィス気象キャスター株式会社編『天気予報活用ハンドブック』（丸善出版）
『気象年鑑　2020年版』ほか（気象業務支援センター）
大後美保編『災害予知ことわざ辞典』（東京堂出版）
新田尚監修『気象災害の事典 日本の四季と猛威・防災』（朝倉書店）
三隅良平著『47都道府県 知っておきたい気象・気象災害がわかる事典』（ベレ出版）
気象庁ホームページ

●協力　田中千尋（お茶の水女子大学附属小学校教諭）
●装丁・本文デザイン　株式会社クラップス（佐藤かおり）
●イラスト　本多 翔
●校正　栗延 悠

気象予報士と学ぼう！　天気のきほんがわかる本

❹　台風・たつまき　なぜできる？

発行　2022年4月　第1刷

文　：遠藤喜代子
監　修　：武田康男　菊池真以
発行者　：千葉 均
編　集　：原田哲郎
発行所　：株式会社ポプラ社
〒102-8519　東京都千代田区麹町4-2-6
ホームページ：www.poplar.co.jp（ポプラ社）
kodomottolab.poplar.co.jp（こどもっとラボ）
印刷・製本　：瞬報社写真印刷株式会社

Printed in Japan
ISBN978-4-591-17276-6 / N.D.C. 451/ 47P / 29cm

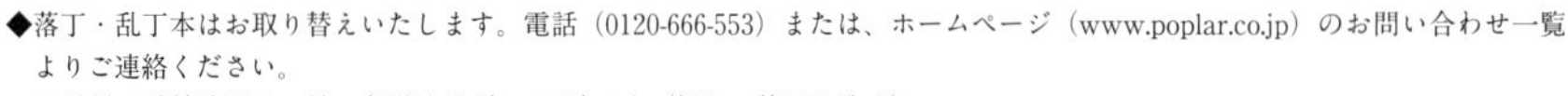

P7227004

気象予報士と学ぼう！

天気のきほんがわかる本

全6巻

1	天気予報をしてみよう	吉田忠正／文 武田康男・菊池真以／監修
2	雲はかせになろう	遠藤喜代子／文 武田康男・菊池真以／監修
3	雨・雪・氷 なぜできる？	吉田忠正／文 武田康男・菊池真以／監修
4	台風・たつまき なぜできる？	遠藤喜代子／文 武田康男・菊池真以／監修
5	日本列島 季節の天気	遠藤喜代子／文 武田康男・菊池真以／監修
6	異常気象と地球温暖化	吉田忠正／文 武田康男・菊池真以／監修

小学中学年〜高学年向き

N.D.C.451　各47ページ

A4変型判　オールカラー

図書館用特別堅牢製本図書